AF592495

PREMIÈRES NOTIONS

DE

MÉTÉOROLOGIE

ET DE PHYSIQUE DU GLOBE

PAR

M. FÉLIX HÉMENT

LICENCIÉ ÈS SCIENCES, PROFESSEUR A L'ÉCOLE TURGOT

PARIS

CH. DELAGRAVE ET Cie, LIBRAIRES-ÉDITEURS

78, RUE DES ÉCOLES, 78

1868

OUVRAGES DU MÊME AUTEUR

EN VENTE A LA MÊME LIBRAIRIE

PREMIÈRES NOTIONS D'HISTOIRE NATURELLE. 6e *édit.* Un vol. in-18, broché, 2 fr. 25; cartonné. . . . . 2 fr. 40

MENUS PROPOS SUR LES SCIENCES. 2e *édit.* Un vol. in-18, broché. . . . . 2 fr.

SOUS PRESSE

MENUS PROPOS SUR LES SCIENCES, avec illustrations.

PARIS. — J. CLAYE, IMPRIMEUR, RUE SAINT-BENOIT, 7.

AVERTISSEMENT

La pensée de ce modeste volume m'est venue, il y a quelques années, lorsqu'un grand nombre de personnes étrangères à la science commencèrent à s'intéresser aux recherches météorologiques et à s'occuper de la prévision du temps à l'aide de procédés scientifiques. A ces *Premières notions de météorologie*, j'ai cru devoir ajouter les éléments de la physique nécessaires à l'explication et à la compréhension des phénomènes météorologiques.

C'est donc un livre élémentaire comme celui que j'ai publié sous le titre de *Premières Notions d'Histoire naturelle* : il fournira une préparation utile aux élèves qui se proposent d'approfondir plus tard l'étude de la physique ; il peut suffire à ceux qui n'ont besoin que de connaissances élémentaires. Puisse ce nouveau volume trouver auprès du public le même accueil bienveillant que le premier, parvenu en quelques années à la sixième édition.

Dans ces deux livres je me suis efforcé de mettre l'en

seignement des sciences à la portée des jeunes intelligences. Il y a, en effet, dans cet enseignement une lacune à combler qui n'existe pas dans celui des lettres. L'instruction littéraire est donnée par degrés, et l'expérience a produit un certain nombre d'ouvrages dont l'élévation progressive correspond au développement de l'esprit des élèves. Dans les sciences, au contraire, on leur présente tout d'abord des ouvrages ardus et difficiles à comprendre auxquels ils n'ont pas été initiés et dont la langue elle-même nécessite une traduction. Pour aplanir cette difficulté, j'ai essayé de faire l'*épitome* de la science.

J'ai été guidé dans l'exécution de ce projet par une longue pratique de l'enseignement à l'école Turgot et par les précieux conseils de M. Marguerin, directeur de l'école, auquel je suis heureux de témoigner ici toute ma gratitude.

FÉLIX HÉMENT.

PREMIÈRES NOTIONS

DE MÉTÉOROLOGIE

L'AIR ET LES MÉTÉORES AÉRIENS.

I. — L'ATMOSPHÈRE.

SOMMAIRE. — L'Atmosphère. — Météores, Météorologie. — L'Air est un corps; sa couleur, sa transparence, etc. — L'Air est pesant. — Élasticité de l'Air. — Température de l'Air. — Hauteur de l'Atmosphère. — Pression atmosphérique. — Mesure de la pression atmosphérique; Baromètre. — Construction du Baromètre à mercure. — Baromètres à cuvette et à siphon. — Usages du Baromètre. — Composition de l'Atmosphère. — Résumé.

L'Atmosphère. — *L'atmosphère* (de *atmos*, vapeur, et *sphaira*, sphère) est la masse d'air qui environne la terre [1]. Non-seulement elle est le milieu où se passent tous les phénomènes météorologiques, mais encore elle intervient elle-même pour une part dans leur production.

D'un côté, par la pression qu'elle exerce sur la surface de la terre, l'atmosphère maintient les eaux à l'état liquide; de l'autre, elle se laisse pénétrer par les vapeurs qui en proviennent : ainsi, tandis qu'elle empêche l'évaporation totale des eaux du globe, elle rend possible leur évaporation partielle.

C'est l'atmosphère, par conséquent, qui permet aux nuages de se former, et les maintient suspendus jusqu'à ce qu'ils retombent en pluies.

Lorsque le soir arrive, et en même temps le refroidissement du sol, la vapeur invisible que recèle l'atmosphère se dépose en rosée ou en gelée blanche sur la terre refroidie.

Les rayons du soleil, en traversant l'atmosphère, sont modifiés

1. L'atmosphère n'a pas toujours existé telle que nous la voyons aujourd'hui; à l'origine elle était formée de vapeurs et de gaz divers qui ont successivement disparu. Graduellement épurée et éclaircie, elle est devenue l'air que nous respirons.

dans leur éclat, leur couleur, leur température, leur direction. De là, l'aurore et le crépuscule, les feux du levant et du couchant, l'élévation et l'abaissement progressif de la température de la journée, etc.

C'est surtout par l'air que les sons se transmettent et se propagent; l'air est vraiment le véhicule de la parole.

Tout être vivant, végétal ou animal, a besoin d'air pour vivre. « L'air entretient la flamme de la vie comme celle du foyer. »

Ainsi, sans l'atmosphère, point d'eau à la surface du globe, partant plus de vie; plus de rosée, de nuages, de pluie, de neige, de foudre, d'arc-en-ciel; plus de ces splendides levers et couchers du soleil; la nuit obscure succède brusquement au jour éclatant; enfin, un silence absolu règne sur notre globe. C'est la mort.

Météores, Météorologie. — La pluie, la neige, la grêle, le tonnerre, l'arc-en-ciel, sont autant de phénomènes qui se produisent au sein de l'atmosphère. Ils y prennent naissance, s'y développent, y subissent toutes leurs phases. On les nomme *météores*.

On les distingue en météores *aqueux*, la pluie, la neige; en météores *lumineux*, l'aurore, le crépuscule, l'arc-en-ciel; en météores *électriques*, la grêle, l'aurore boréale, etc.

L'atmosphère étant le milieu où se produisent les météores et intervenant elle-même pour une part dans leur production, il est nécessaire que l'étude de l'atmosphère précède celle des météores.

L'Air est un corps; sa couleur, sa transparence, etc. — Les corps solides et liquides tombent facilement sous nos sens; nous n'avons aucune répugnance à en admettre l'existence; il n'en est pas de même des corps gazeux. Ces derniers nous sont moins accessibles, étant moins matériels. Bien que l'eau fuie des mains qui essayent de la saisir, on la sent et on la voit fuir, tandis que l'air, dans les mêmes circonstances, est insaisissable et invisible. Cependant, l'agitation d'un éventail, une marche rapide, suffisent pour nous révéler son existence. Le vent, dont on sait toute la puissance, n'est autre chose que de l'air en mouvement.

Nous ne voyons pas l'air, il est vrai, autour de nous, mais, lorsqu'il est en grande quantité, sa couleur, qui est le bleu, apparaît. De même l'eau, qui semble incolore dans une carafe, prend sous une épaisseur suffisante des teintes bleues ou vertes.

Cette couleur s'affaiblit tout naturellement, et le ciel prend une teinte noirâtre, à mesure qu'on s'élève dans l'atmosphère, parce que l'air devient de plus en plus rare, et que l'espace infini qui s'étend au delà n'a pas de couleur. D'autre part, les montagnes, les forêts lointaines, etc., sont bleues, c'est-à-dire se teignent de la couleur de l'air. L'air est comme un écran bleu interposé entre les objets et nos yeux.

Quoique les corps éloignés soient teintés de bleu, on ne cesse pas de les voir, ce qui montre bien la transparence de l'air. Toutefois, cette transparence n'est pas absolue : les rayons du soleil perdent de leur éclat en traversant l'atmosphère. En outre, elle varie selon que les corps sont plus ou moins éclairés et que leur couleur contraste plus ou moins avec celle des objets environnants : ainsi, tandis que de la plaine on distingue facilement la silhouette des montagnes, au contraire, de la montagne, la vue de la plaine est confuse. Cette transparence incomplète de l'air est cause que les objets nous paraissent d'autant moins éclairés qu'ils sont plus éloignés de nous. Dans les pays montagneux, cet effet s'accuse nettement : les diverses chaînes forment des plans distincts qui semblent *fuir:* c'est la *perspective aérienne.*

L'Air est pesant. — Si l'air est un corps, il est attiré par la terre, c'est-à-dire qu'il a un poids. Aristote, qui avait soupçonné cette vérité, n'arriva pas à la démontrer par l'expérience. Galilée,

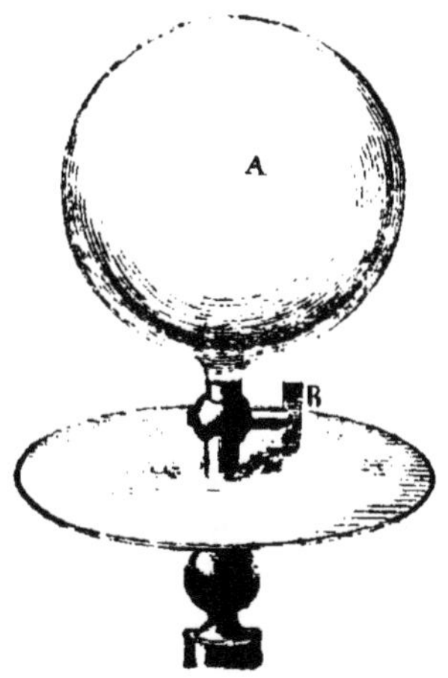

Fig. 1. — Ballon disposé pour y faire le vide [1].

plus heureux, parvint à l'établir. Pour apprécier le poids de l'air, il suffit de prendre un ballon de verre, d'enlever l'air qu'il ren-

1. A, ballon; B, robinet.

ferme, au moyen d'une pompe à air (*machine pneumatique*), et de peser successivement le ballon vide et plein d'air : on trou-

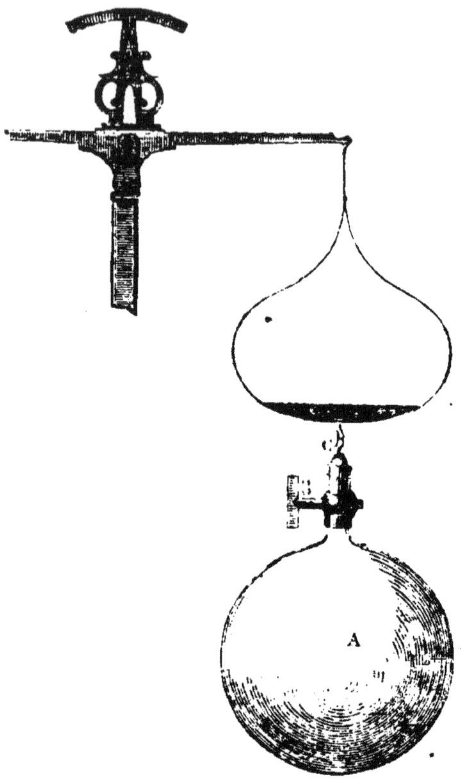

Fig. . — Ballon disposé pour la pesée de l'air[1].

vera que le poids du ballon est plus grand dans le second cas que dans le premier. *Le litre d'air pèse environ 1gr.,3.*

Élasticité de l'Air. — Il est plus facile encore de s'assurer par une expérience familière que l'air est un corps *élastique*, et qu'il offre une grande résistance à la compression. Si l'on bouche à ses deux extrémités un tube de sureau débarrassé de sa moelle, au moyen de deux petites balles ou tampons d'étoupe, on a enfermé dans le tube une certaine quantité d'air; si, ensuite, on pousse fortement un des petits tampons avec un morceau de bois cylindrique et s'adaptant exactement à l'ouverture du tube, on com-

1. A, ballon; B, robinet; C, crochet de suspension.

prime l'air, et, à un certain moment, l'air comprimé suffisamment chasse avec bruit la balle qui fermait l'autre extrémité du tube.

A mesure qu'un gaz se détend ou se resserre, son volume augmentant ou diminuant, sa force expansive diminue ou augmente, et il existe un rapport entre la variation du volume et celle de la force. Ce rapport, fort simple, a été d'abord découvert par l'abbé Mariotte en France, et porte le nom de *loi de Mariotte*. Voici le procédé employé par ce physicien pour le vérifier. On prend un tube de verre recourbé en crosse, fermé à un bout, ouvert à l'autre. La partie ouverte est la plus longue. Par celle-ci on verse du mercure de manière à enfermer une certaine quantité d'air dans la branche fermée. Plus on verse de mercure, plus on comprime l'air, et la colonne du mercure versé permet de mesurer la force élastique de l'air. On reconnaît ainsi que, lorsque le volume d'une certaine quantité de gaz est réduit à moitié, la force du gaz a doublé ; qu'elle a triplé, lorsqu'il est réduit au tiers, etc. C'est ce qu'on énonce de la manière suivante : *La force élastique d'une masse de gaz déterminée varie en raison inverse de son volume.*

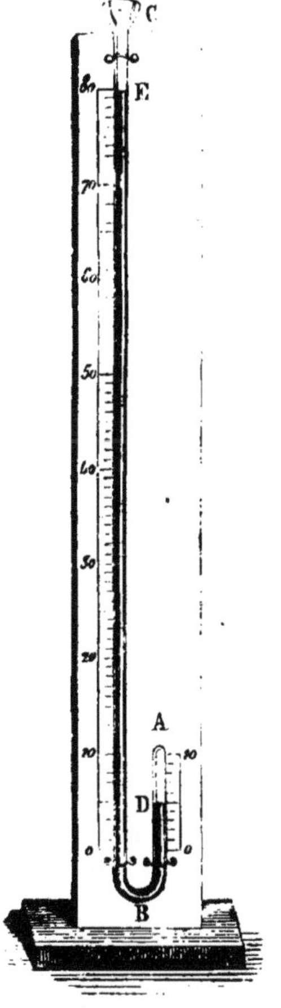

Fig. 3. — Tube de Mariotte[1].

On comprend maintenant que le poids de l'air varie selon le degré de compression où il se trouve. Il pèse donc dans la plaine plus qu'au sommet de la montagne, puisque la couche y est plus comprimée, et il est d'autant plus léger, qu'il est plus haut.

Température de l'Air. — Ce n'est pas directement du soleil que l'air reçoit sa chaleur. Les rayons solaires ne font que le traverser pour venir échauffer la terre. C'est à celle-ci que l'air emprunte sa chaleur.

A mesure qu'une couche en contact avec le sol s'échauffe, elle

1. AD, espace occupé par l'air ; DBE, espace occupé par le mercure ; C, extrémité ouverte.

s'élève, se détend et se refroidit par l'effet même de cette distension; car les corps s'échauffent lorsqu'on les comprime et se refroidissent lorsqu'on les détend. De là, le froid qui règne dans les régions supérieures de l'air sur tous les points du globe, de là les glaciers et les *neiges éternelles*.

Hauteur de l'Atmosphère. — Il est tout naturel d'admettre, après ce qu'on vient de lire, que l'atmosphère a une hauteur limitée. La région où l'air devient insensible, tant il est rare, est considérée comme la limite de l'atmosphère. On peut lui assigner *de douze à quinze lieues d'étendue*. Comme les aéronautes ne se sont pas élevés plus haut que deux lieues, et qu'il serait à peu près impossible de s'élever davantage, vu qu'à cette distance l'air est déjà deux fois plus léger qu'à la surface du sol, il a fallu recourir à des moyens indirects pour déterminer la hauteur de l'atmosphère.

Entre autres moyens, nous avons celui qu'offre l'aurore ou le crépuscule. On sait que l'aurore commence lorsque les rayons du soleil, avant son lever, atteignent les parties les plus élevées de l'atmosphère et s'y réfléchissent; c'est aussi lorsque les rayons du soleil, déjà couché, frappent les mêmes régions atmosphériques, que finit le crépuscule. Or, on sait à très-peu près à quel moment commence l'aurore, ou finit le crépuscule, et de combien le soleil est alors au-dessous de l'horizon. Un calcul très-simple permet, à l'aide de ces éléments, d'évaluer la hauteur de l'atmosphère.

Pression atmosphérique. — On comprend maintenant que l'atmosphère exerce par son poids une pression sur toute la surface de la terre, et que cette pression est limitée, puisque la masse entière de l'air est limitée. On peut donner de nombreux exemples familiers de cette pression : « Un soufflet, dont toutes les ouvertures sont bien bouchées, est difficile à ouvrir; si on essaye de le faire, on y sent de la résistance, comme si ses ailes étaient collées; dès qu'il est débouché, l'air s'y insinue et le remplit. De même quand on respire, l'air pénètre dans les poumons, car les poumons sont comme un soufflet dont la bouche est comme l'ouverture. » — « L'eau monte dans une pompe aspirante et suit son piston, quand on l'élève, comme si elle lui adhérait, » parce que la pression de l'air, qui s'exerce sur l'eau du puits, pousse cette eau dans le tuyau de la pompe du moment qu'il n'y a rien dans le tuyau. — « Quand on met du papier allumé dans un plat plein d'eau, et un verre par dessus, à mesure que le feu s'éteint, l'eau monte dans le verre, parce que l'air qui est dans le verre, et qui était raréfié par le feu, venant à se condenser par le refroidissement, n'a plus autant de force que l'air extérieur qui pousse l'eau à entrer dans le verre. »

Chacun sait, d'ailleurs, comment les chimistes recueillent et transvasent les gaz : c'est à l'aide d'éprouvettes qu'on remplit d'eau ou de mercure, suivant qu'on opère sur la cuve à eau ou sur la cuve à mercure. Or, le liquide contenu dans l'éprouvette ne tombe pas, précisément parce que la pression de l'atmosphère le maintient par le dehors. « On peut faire la même épreuve avec un tuyau long, par exemple, de dix pieds (3 mètres environ), bouché par le bout d'en haut et ouvert par le bout d'en bas; car s'il est plein d'eau et que le bout d'en bas trempe dans un vaisseau plein d'eau, elle demeurera toute suspendue dans le tuyau, au lieu qu'elle tomberait incontinent si on avait débouché le haut du tuyau. » (Pascal, *Traité de la pesanteur de la masse de l'air.*)

Fig. 4. — Tube de Toricelli [1].

Mesure de la pression atmosphérique; Baromètre. — Pascal, pour mesurer la pression atmosphérique, s'y prit de la manière suivante : « Un tuyau de verre de quarante-six pieds (15 mètres environ) dont un bout est ouvert et l'autre fermé, étant rempli d'eau, ou plutôt de vin bien rouge pour être visible, puis bouché et élevé en cet état, et porté perpendiculairement à l'horizon, l'ouverture bouchée en bas, dans un vase plein d'eau, et enfoncé d'une petite quantité, si l'on débouche l'ouverture, le vin du tuyau descend jusqu'à une certaine hauteur qui est environ de 32 pieds (10 mètres environ) depuis la surface de l'eau du vase et laisse dans le haut un espace vide. » (Pascal.)

La même expérience peut être faite avec du mercure, c'est celle de Toricelli. On prend un tube de verre d'environ 1 mètre, fermé à une extrémité, ouvert à l'autre; on le remplit de mercure, puis, plaçant le doigt de façon à fermer l'ouverture, on retourne le tube et on le tient verticalement, l'ouverture bouchée étant vers le bas : on le plonge alors de quelques centimètres dans le mercure contenu dans une cuvette. On retire

1. BC, espace occupé par le mercure AC, espace vide.

ensuite le doigt, et le mercure descend dans le tube jusqu à une hauteur variable d'environ 76 centimètres, laissant au-dessus de lui un espace vide.

On voit par là que la hauteur de l'eau dans le tube est 13,6 fois plus grande que celle du mercure; or, le mercure pèse 13,6 fois plus que l'eau, ce qui démontre 1° que la même pression les soutient tous deux, 2° qu'elle est limitée, et 3° que *l'atmosphère presse la surface de la terre comme le ferait une couche d'eau d'environ 10 mètres de hauteur ou une couche de mercure d'environ 76 centimètres de hauteur; soit à peu près 10,000 kilogrammes par mètre carré.* On s'explique maintenant pourquoi l'eau ne s'élève pas dans les pompes au delà d'une certaine hauteur, et pourquoi cette hauteur change avec la pression qui, nous le verrons, n'est pas toujours la même.

Le tuyau plein d'eau ou de mercure dont nous venons de parler permet donc *d'évaluer la pression atmosphérique et d'en indiquer les variations;* en un mot, c'est le *baromètre.*

Construction du Baromètre à mercure. — Tout autre liquide que le mercure donnerait un baromètre beaucoup trop haut; le mercure est donc le seul liquide qui entre dans la construction de cet appareil. Mais l'expérience de Toricelli ne fournirait qu'un baromètre imparfait, parce qu'il se mêle au mercure, de l'air et de la vapeur d'eau, et que le verre même du tube est humide et retient un peu d'air adhérent. On a donc soin de bien nettoyer le tube de verre et de le sécher complétement en l'exposant au feu avec précaution. On le remplit ensuite de mercure nettoyé convenablement, on le couche sur une grille inclinée et on le chauffe de manière à faire bouillir successivement le mercure d'un bout du tube à l'autre bout. Il ne reste plus qu'à placer le tube verticalement, comme il a été dit, l'extrémité ouverte plongeant dans la *cuvette* du baromètre; l'espace vide qui reste au-dessus se nomme la *chambre barométrique.* Une échelle divisée en décimètres, centimètres et millimètres, sert à mesurer la distance comprise entre le niveau du mercure dans la cuvette et celui du mercure dans le tube ou *la hauteur du baromètre.*

Il est essentiel qu'il ne reste pas d'air dans la chambre barométrique. On s'assurera de ce fait en inclinant légèrement le baromètre : le mercure viendra frapper le bout fermé du tube et faire entendre un coup sec, ou *faire marteau,* s'il n'y a pas d'air qui puisse amortir le coup.

Baromètres à cuvette et à siphon. — Comme le baromètre monte ou descend, il faudrait, à chaque observation, déplacer l'échelle et remettre le zéro au niveau du mercure de la cuvette.

C'est pour éviter de semblables déplacements qu'un constructeur nommé Fortin a inventé une cuvette dont le fond en peau peut être soulevé ou abaissé à l'aide d'une vis. On amène ainsi le niveau du mercure au contact d'une pointe d'ivoire qui marque le commencement de l'échelle.

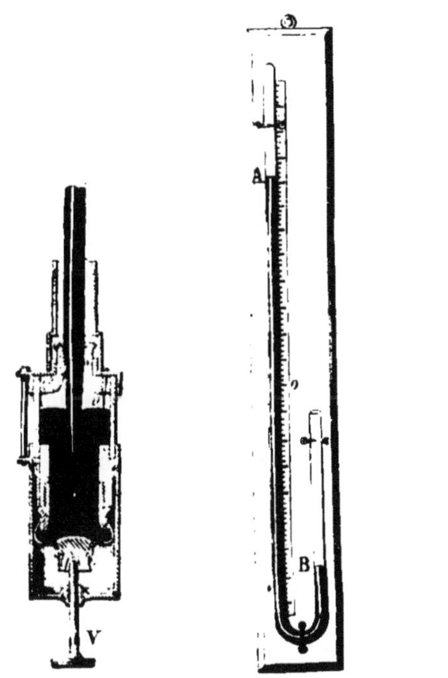

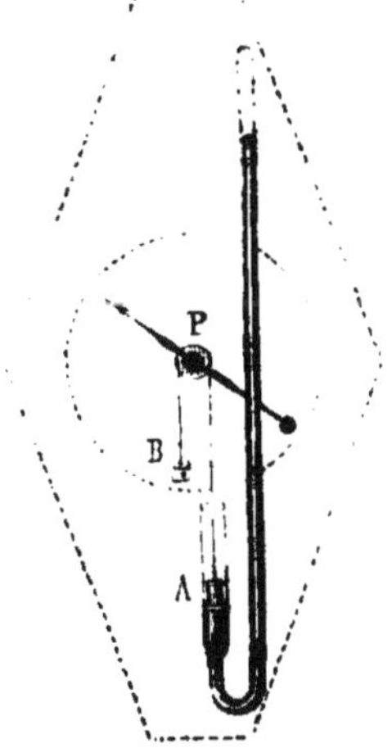

Fig. 5. — Cuvette de Fortin[1]. Fig. 6. — Baromètre à siphon[2]. Fig. 7. — Baromètre à cadran[3].

Le baromètre que nous venons de décrire brièvement est le *baromètre à cuvette ;* il en existe un autre sans cuvette, qu'on nomme le *baromètre à siphon.* Ce dernier consiste en un tube recourbé de manière à former une crosse du côté de l'extrémité ouverte.

Le *baromètre à cadran,* que l'on voit souvent dans les lieux publics, est un baromètre à siphon. Seulement, au-dessus du mercure, il y a un petit poids attaché à une des extrémités d'un fil, dont l'autre extrémité supporte un poids égal. Le fil passe sur la gorge d'une poulie. Le mercure, en montant ou en descendant,

1. V, vis; *o*, pointe d'ivoire.
2. AB, espace occupé par le mercure; O, point de départ de l'échelle.
3. A, poids flotteur; B, contre-poids; P, poulie.

fait monter ou descendre le poids, la poulie tourne, et en même temps tourne une aiguille qui y est fixée.

Usages du Baromètre. — Le baromètre ne sert en réalité qu'à mesurer la pression atmosphérique et à en indiquer les variations. Les mouvements de l'atmosphère déterminent des oscillations dans la colonne de mercure. Ces oscillations sont tantôt périodiques, tantôt accidentelles, tantôt lentes et progressives, tantôt brusques et saccadées. La plus petite agitation ne peut se produire dans la masse d'air environnante, sans que le fidèle instrument ne la signale aussitôt. C'est qu'en effet aucun mouvement ne se produit en un point sans que la masse entière ne s'ébranle, à cause de la continuité et de la fluidité de l'air. Il se forme dans l'atmosphère des ondulations analogues à celles qui se propagent à la surface de l'eau lorsque vous y laissez tomber une pierre.

Les variations du baromètre peuvent, dans certains cas, fournir des renseignements utiles à la *prédiction du temps;* mais c'est là un usage indirect dont nous indiquerons l'origine et la portée à la fin de ce chapitre.

Enfin, *on emploie le baromètre à la mesure des hauteurs.* En effet, nous savons que le baromètre baisse, c'est-à-dire que le mercure descend dans le tube, quand on s'élève dans l'atmosphère. Or, si l'air avait, à toutes les hauteurs, le poids qu'il a à la surface de la terre, il pèserait en chaque point environ dix mille fois moins que le mercure, et *chaque millimètre* de hauteur de mercure représenterait une couche d'air de dix mille millimètres ou de *10 mètres*. Donc, en s'élevant, on constaterait *1 millimètre d'abaissement dans le baromètre par 10 mètres d'élévation dans l'atmosphère*, et, par suite, autant il y aurait de millimètres de différence entre les hauteurs du baromètre au pied et à la partie supérieure d'un édifice ou d'une montagne, autant la hauteur de la montagne ou de l'édifice contiendrait de dizaines de mètres. Mais l'air n'a pas le même poids à toutes les hauteurs, et la règle précédente n'a pas une rigueur parfaite. Cependant, on comprend que, pour de petites hauteurs, on puisse l'appliquer, l'air, dans ces conditions, ne changeant pas d'une manière notable. C'est ainsi que Pascal mesura la hauteur de la tour Saint-Jacques, à Paris.

Composition de l'Atmosphère.— L'air n'est point un gaz unique, mais un mélange de deux gaz: l'*oxygène* et l'*azote*. *Sur 100 litres d'air, il y en a 21 d'oxygène et 79 d'azote.* L'oxygène seul produit tous les effets qu'on attribue communément à l'air. Quand on dit que l'air est indispensable à la respiration, il faut entendre qu'il s'agit de l'oxygène ; si nos foyers ont besoin d'air pour brûler, c'est aussi l'oxygène qui leur est nécessaire; si certains corps changent à l'air, comme le fer qui se transforme en rouille, c'est encore l'oxygène qui en est la cause. Il résulte de là que, si l'oxygène était seul, la respiration serait trop active, le feu serait trop vif, le fer se rouillerait plus vite, etc. Aussi l'azote ne fait-il que modérer l'action de l'oxygène dans l'air.

Outre l'oxygène et l'azote, qui sont ses éléments constitutifs, l'atmosphère recèle dans son sein toutes les émanations du globe. On y trouve particulièrement de la vapeur d'eau et de l'acide carbonique. La première provient des eaux qui couvrent ou sillonnent la surface de la terre; nous verrons plus tard, en étudiant les météores aqueux, le rôle important qu'elle joue dans la nature sous divers états; le second résulte en grande partie de la respiration des animaux, par la combinaison du carbone du sang avec l'oxygène: les végétaux prennent le carbone de l'acide carbonique et rendent à l'air son oxygène. Ces deux corps n'existent d'ailleurs dans l'atmosphère que pour une faible proportion: *de 3 à 6 dix-millièmes pour l'acide carbonique, de 6 à 9 millièmes pour la vapeur d'eau.*

Les autres corps gazeux répandus dans l'atmosphère sont en très-petite quantité. Disons seulement que, sous l'influence de l'électricité, il se forme dans l'air certains corps (ammoniaque, azotate d'ammoniaque, etc.) dont la présence explique l'action fécondante des pluies d'orages.

Résumé. — Nous savons maintenant :

1° — Que l'air est bleu, transparent, pesant, élastique;

2° — Qu'il forme autour de la terre une couche de douze à quinze lieues qu'on nomme atmosphère;

3° — Que le baromètre sert surtout à mesurer la pression atmosphérique;

4° — Qu'il peut servir, en outre, dans certains cas, à indiquer les variations atmosphériques;

5° — Qu'il est employé dans la mesure des hauteurs;

6° — Que l'atmosphère se compose de 21 parties d'oxygène et 79 d'azote, plus de petites quantités de vapeur d'eau et d'acide carbonique.

II. — LE VENT.

SOMMAIRE. — Définition. — Cause principale. — Direction. — Mode de propagation. — Mesure de la vitesse du Vent; Anémomètre. — Résumé. — Vents irréguliers, Vents réguliers. — Brises de terre et de mer. — Alizés. — Cause principale. — Effet du mouvement de rotation de la terre. — Causes secondaires qui modifient les Alizés. — Influence des déserts : Moussons, Vents Étésiens. — Résumé. — Vents particuliers, froids et chauds. — Typhons, Tornados, Tourbillons. — Marées atmosphériques. — Système général des Vents. — Rôle des courants atmosphériques. — Résumé.

Définition. — L'atmosphère est rarement immobile; on peut même dire qu'elle ne l'est jamais. On comprend avec quelle facilité doit se déplacer un corps aussi léger que l'air; combien il doit être le jouet des plus faibles forces. On a donné le *nom de vent à l'air en mouvement*. Ce déplacement de l'air est tout à fait analogue à celui de l'eau dans les rivières et aux courants de la mer; « c'est un écoulement de l'océan aérien d'une région vers une autre. » Mais, tandis que l'on trouve tout naturels les courants d'eau, parce qu'on peut les suivre des yeux, il faut un certain effort de l'esprit pour se faire à l'idée des courants de l'air. Cependant les corps qui flottent dans l'air nous montrent ces courants aussi bien que les navires dont ils gonflent les voiles.

Cause principale. — Une expérience fort simple, due à Franklin, montre comment se produit le vent. Ouvrez la porte ou la croisée d'une chambre où il y a du feu, prenez une bougie et placez-la successivement en haut, au milieu et au bas de la porte ou de la croisée : vous verrez la flamme s'incliner, en haut, vers l'extérieur; en bas, vers l'intérieur; au milieu, elle restera verticale. Elle indique en effet un double courant d'air dirigé dans le bas du dehors au dedans; dans le haut, du dedans au dehors. Un thermomètre sensible, mis dans le courant inférieur, puis dans le courant supérieur, accusera une différence de température. Le courant inférieur est froid, le courant supérieur est chaud, et il en est naturellement ainsi parce que l'air le plus froid est en même temps le plus lourd. C'est donc la différence de température de l'air du dehors et de l'air du dedans qui a déterminé le courant d'air ou le vent.

Ce qu'on nomme *tirage* d'une cheminée n'est autre chose que le courant d'air qui se produit dans le tuyau. La couche d'air qui est au-dessus du foyer s'échauffe, se dilate, et, devenue plus légère, s'élève; une autre la remplace, et ainsi tout l'air de la chambre passe successivement au dehors par le tuyau de la cheminée. N'est-ce pas là un véritable ruisseau ou courant d'air ?

Lorsque, par une journée d'été, le soleil darde sur les champs, on voit à la surface comme un tressaillement dans l'air, une sorte de mouvement ondulatoire très-rapide. Ce sont les couches d'air qui, échauffées par le sol, s'élèvent dans l'atmosphère. C'est ici le soleil qui remplace le foyer de la cheminée dont nous venons de parler : seulement le foyer est plus vaste et le ruisseau plus large. On peut maintenant comprendre comment *la chaleur solaire est la principale cause des vents qui règnent à la surface de la terre.*

Direction. — On a vu comment, de tous les points d'une chambre, l'air se dirige vers le foyer, comme si en un point d'un lac se trouvait tout à coup un gouffre profond où les eaux viendraient se jeter; il y aurait des courants d'eau de tous les points du lac vers le gouffre. Ainsi, de tous les points de l'horizon, des masses d'air se dirigent vers les lieux chauffés par le soleil.

La direction de ces courants aériens est accusée par les girouettes, et surtout par la fumée et les nuages qui flottent librement au sein de l'atmosphère. Les courants sont nombreux et leurs directions variées : aussi voit-on ces divers indicateurs montrer souvent des directions différentes; c'est qu'en effet ils ne peuvent nous renseigner ni sur ce qui se passe au-dessus, ni sur ce qui se passe au-dessous d'eux. Il n'est donc pas étonnant que des nuages situés à des hauteurs différentes marchent dans des sens opposés.

Pour désigner la direction du vent, on se sert des *points cardinaux* (nord, sud, est, ouest) et des points intermédiaires (nord-est, sud-ouest, etc.) que l'on multiplie assez pour indiquer la direction d'un vent quelconque. Cet ensemble de directions constitue la *rose des vents.*

Mode de propagation. — Si l'on a compris ce qui précède, on admettra facilement que les vents se propagent par *impulsion* et par *aspiration,* c'est-à-dire en poussant l'air qui est devant et en appelant l'air qui est derrière. C'est comme un fleuve considéré en un point quelconque de son parcours : l'eau qui s'écoule pousse celle qui la précède et appelle celle qui la suit. Il faut noter que les vents se font plus sentir dans les contrées vers lesquelles ils soufflent que dans celles d'où ils viennent. On doit cette observation à Franklin.

Mesure de la vitesse du Vent; Anémomètre. — On peut juger de la vitesse du vent par celle des corps qu'il emporte, comme on juge de la vitesse d'un cours d'eau par le bateau qui va à la dérive. La course d'un nuage, par exemple, nous indiquera la rapidité du courant d'air qui le porte.

Ce n'est pas là évidemment un moyen précis ni qui donne la vitesse correspondant à une hauteur quelconque de l'atmosphère. Il existe un appareil, l'*anémomètre* (de *anemos*, vent, et *metron*,

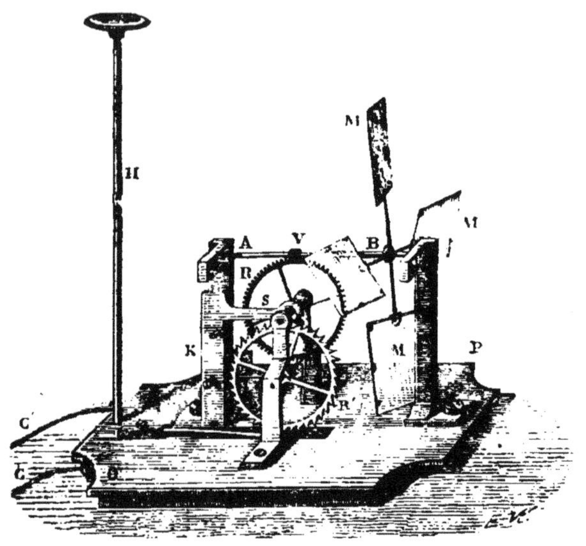

Fig. 8. — Anémomètre [1].

mesure), à l'aide duquel on peut connaître la vitesse d'un courant d'air d'une manière précise. Qu'on se figure un moulin à vent avec des ailes d'une délicatesse extrême, formées d'une lame de mica fort mince ayant environ un centimètre carré. L'axe de rotation, taillé en vis, engrène avec une roue dentée. Chaque tour de l'axe fait avancer la roue d'une dent; si donc la roue a dix dents, un de ses tours en indique dix de l'axe.

S'agit-il de graduer l'anémomètre, prenez-le à la main, quand l'air est calme, et marchez de manière à parcourir un, deux, trois mètres par seconde. Observez chaque fois le nombre de tours de l'axe, et vous pourrez ainsi former une table où, d'une part, se trouveront les nombres de tours de l'anémomètre, et, de l'autre,

1. M, ailettes; AB, axe de rotation; V, vis sans fin; R, R', roues; S, K, P, O, etc., support.

les vitesses des courants d'air correspondantes. Il est évident, en effet, que marcher contre l'air avec une certaine vitesse, c'est comme si, restant immobile, l'air venait à nous avec cette même vitesse. Il serait impossible de marcher assez vite pour fournir une graduation complète de l'anémomètre, mais on peut aller en voiture ou en chemin de fer avec une vitesse connue.

Toutes les variétés de vents ont une vitesse qui a pour limite quarante-cinq mètres environ par seconde. On dit que :

Pour une vitesse de	1	mètre par seconde,	le vent est	sensible.
—	6	—	—	frais; c'est une brise qui tend les voiles.
—	12	—	—	grand frais (oblige à serrer les hautes voiles).
—	15	—	—	très-fort.
—	27	—	—	grande tempête.
—	40	—	—	ouragan [1].

Lorsque sa vitesse atteint cette limite extrême, le vent peut produire des effets d'une grande puissance et qui étonneraient d'un corps aussi subtil que l'air, si l'on ne savait que la grandeur de la vitesse peut suppléer au défaut de la masse. On connaît toute la puissance de la vapeur qui pourtant ne pèse que les 0,6 de l'air, et les effets de la poudre qui ne sont dus également qu'à l'expansion des gaz.

L'ouragan qui dévasta la Guadeloupe le 25 juillet 1825 renversa des maisons solidement bâties. Il imprima aux tuiles une telle vitesse que plusieurs pénétrèrent dans les magasins à travers des portes épaisses. Une planche de sapin d'un mètre de long, de vingt-cinq centimètres de largeur et de vingt-trois millimètres d'épaisseur, traversa d'outre en outre une tige de palmier de quarante-cinq centimètres de diamètre. Une grille en fer fut rompue, des canons furent déplacés. « Ce vent présentait encore ce phénomène bien remarquable, qu'au moment de sa plus grande intensité, il parut lumineux : une flamme argentée, jaillissant par les joints des murs, les trous des serrures et autres issues, faisait croire, dans l'obscurité des maisons, que le ciel était en feu. »

1 *Ouragan* vient d'un mot indien qui signifie les quatre vents réunis.

Résumé. — Concluons de ce qui précède que :

1° — Le vent est de l'air en mouvement;
2° — La chaleur solaire en est la cause principale;
3° — Les vents se propagent par impulsion et par aspiration ;
4° — Leur vitesse ne dépasse pas 45 mètres par seconde.

Vents irréguliers, Vents réguliers. — Tantôt les vents soufflent à des époques indéterminées et dans une direction variable : ils sont alors *irréguliers*. Tantòt ils soufflent dans une direction fixe et pendant un temps déterminé: ils sont alors réguliers. Parmi ces derniers se trouvent les *brises* et les *alizés*. — Les marins donnent le nom d'irréguliers aux vents, de quelque nature qu'ils soient, qui soufflent avec une force variable, et celui de réguliers aux vents dont la force est constante.

Brises de terre et de mer. — Au bord de la mer, on remarque, surtout entre les tropiques, un courant d'air dirigé perpendiculairement au rivage. Dans le jour, il souffle de la mer vers la terre, c'est la *brise de mer;* la nuit, il souffle en sens contraire, c'est la *brise de terre*.

Il est facile de s'expliquer ce double courant. La terre s'échauffe plus rapidement que l'eau; dès dix heures du matin, il y a entre le rivage et la mer une notable différence de température, laquelle va croissant, puis décroît et devient nulle vers quatre heures du soir. Pendant tout ce temps, c'est comme s'il y avait un vaste foyer sur la terre et par conséquent un appel d'air de la mer. Le courant s'accélère tant que la différence de température augmente, puis il diminue et finit par cesser. Alors la terre et la mer continuent à se refroidir, mais celle-ci moins rapidement que celle-là. Le foyer est déplacé, l'appel d'air se fait du côté de la terre; c'est la brise de terre qui souffle jusque vers dix heures du matin. Un temps de calme précède et suit chaque courant. On comprend que, suivant la température, la brise pourra être plus ou moins forte et s'étendra plus ou moins loin sur la mer et dans les terres, à moins qu'un courant d'air accidentel ne vienne la modifier dans sa vitesse et dans sa direction.

Les brises adoucissent les effets de la température et purifient l'atmosphère du rivage. Les îles se trouvent ainsi dans des conditions hygiéniques favorables, et si, comme celles de la Méditerranée, elles sont situées dans des régions tempérées, le climat y sera d'une douceur et d'un charme particulier.

Alizés. — Les *alizés soufflent* sur un espace considérable, sensiblement *du nord-est dans l'hémisphère nord, et du sud-est dans l'hémisphère sud.* Ils se font sentir à la surface de la mer, à partir des tropiques jusque dans le voisinage de l'équateur.

Lorsque les compagnons de Colomb arrivèrent dans les régions où règnent les *alizés,* ils virent leur navire poussé constamment dans une direction qui les éloignait de leur patrie, et, croyant qu'ils ne devaient plus la revoir, ils furent frappés de terreur.

Cause principale. — Le foyer qui détermine ces vents est ici une zone d'environ 150 lieues, véritable zone torride sur laquelle le soleil darde ses plus chauds rayons ; l'appel d'air se fait au nord comme au sud dans les deux hémisphères.

Il semblerait donc tout naturel qu'il y eût un vent du nord dans l'hémisphère nord, et un vent du sud dans l'hémisphère sud.

En même temps, le vide produit au delà des tropiques, vers les pôles, serait rempli par l'air de l'équateur, qui, après s'être élevé, et par conséquent refroidi, irait se rabattre sur le sol.

Ainsi s'établirait une circulation continue dans chaque hémisphère. Il y aurait, à la surface de la terre, un vent venant du pôle et, dans les hauteurs, un vent allant au pôle. A l'équateur, régnerait le calme, et le baromètre y serait très-bas à cause de l'ascension rapide des couches d'air.

Dans la région équatoriale, l'espace occupé par la mer est très-étendu, l'évaporation très-active; de là une grande quantité de nuages formant une ceinture autour de l'équateur, qui, entraînés par les courants supérieurs, retomberaient en pluies.

Telle serait la marche, tels les effets des courants aériens, si la surface de la terre était unie, c'est-à-dire sans montagnes ni vallées, uniforme, ou toute liquide ou toute solide ; si elle était immobile et régulièrement chauffée sur tout son contour par le soleil. Mais il n'en est pas ainsi.

Effet du mouvement de rotation de la terre. — Voyons d'abord l'effet du mouvement de la terre. Elle tourne sur elle-même en vingt-quatre heures, entraînant son atmosphère dans sa marche. Les points voisins de l'équateur qui font de grands tours vont donc très-vite, tandis que ceux voisins du pôle qui décrivent de petits tours se meuvent avec une lenteur relative. On voit par là que l'air qui part de l'équateur pour les pôles, et qui marchait du même pas que la terre lorsqu'il était à l'équateur, prend de plus en plus l'avance sur la terre à mesure qu'il s'approche des pôles. L'air qui vient des pôles, au contraire, est en retard sur la terre à mesure qu'il s'avance vers l'équateur.

Supposons-nous vers les tropiques, placés sur la terre qui nous entraîne vers l'est, et au milieu de l'air qui va moins vite que nous. Comme nous n'avons pas la conscience de notre mouvement, que nous nous croyons immobiles, il nous semblera que l'air souffle de l'est avec l'excès de vitesse que nous avons sur lui. Ce mouvement apparent de l'est à l'ouest se combine avec le mouvement de l'air dans le sens des méridiens, pour produire *dans l'hémisphère nord un vent du nord-est*, *dans l'hémisphère sud un vent du sud-est*. Tels sont les vrais alizés.

Au-dessus des alizés, *dans les régions supérieures de l'air*, on comprendra, par un raisonnement analogue au précédent, qu'il doive régner des *vents du sud-ouest dans l'hémisphère supérieur*, *et du nord-ouest dans l'hémisphère inférieur*.

Humboldt raconte que dans son ascension au pic de Ténériffe il observa que des vents violents du sud-ouest régnaient vers le sommet, tandis que soufflaient dans la plaine les alizés du nord-est. De la sorte il put voir au-dessus de sa tête les nuages courir dans un sens, tandis qu'à ses pieds ils allaient en sens contraire. C'était, dans de grandes dimensions, l'expérience de Franklin citée plus haut.

On voit maintenant que *le mouvement de rotation de la terre modifie les directions nord-sud et sud-nord*, que nous avions d'abord supposées *en nord-est*, *sud-est*, etc.

Causes secondaires qui modifient les Alizés. — Les alizés sont modifiés plus ou moins profondément, dans leur intensité ou leur direction, par des causes nombreuses qui agissent différemment.

On sait que la surface du globe se partage inégalement entre les terres et les mers, et tandis que, dans l'hémisphère boréal, s'étend la terre ferme, dans l'hémisphère austral, au contraire, domine l'élément liquide. Aussi *la zone des calmes équatoriaux*, au lieu de se trouver à l'équateur même, est à quatre degrés au-dessus, et *s'étend du 4e au 9e degré*.

A l'inégalité dans la distribution, se joignent les irrégularités dans les contours et dans la surface des continents. Voici l'Europe avec ses vastes plaines ; voilà l'Amérique avec sa crête élevée et sa forme triangulaire. Les mers sont inégalement profondes ; les terres offrent les aspects les plus variés. Les chaînes de montagnes doivent naturellement contrarier les vents. Il résulte de tout cela que *les alizés se font surtout sentir sur les mers et avec continuité*.

Les modifications apportées dans la température des hémisphères par *les saisons déplacent légèrement la région des calmes et des alizés* vers le nord ou vers le sud.

Influence des déserts. — Les déserts ont une influence encore plus marquée. Leur sol sablonneux s'échauffant plus fortement que les autres parties de la surface du globe, il s'y produit une aspiration qui modifie le courant alizéen. Comme il arrive de deux foyers voisins, le tirage de l'un est contrarié par celui de l'autre. De là naissent les *moussons*, les *vents étésiens*, etc.

Moussons. — Les moussons se font sentir dans l'océan Indien; elles reçoivent quelquefois les noms de *mousson d'Aden*, *mousson de Malabar*, etc., suivant les contrées d'où elles soufflent. Les marins les désignent plutôt par leur direction. Elles sont connues, depuis une haute antiquité, dans l'Hindoustan et en Chine. Ces vents favorisaient les fréquentes communications de l'Inde avec l'Égypte.

Le nom de mousson vient d'un mot arabe qui signifie saison. Leur direction change, en effet, avec la saison. L'été, elles soufflent dans un sens; l'hiver, en sens contraire : chaque mousson pendant six mois environ.

Ce sont les déserts de l'Arabie et de la Perse, situés à l'ouest et au nord de l'océan Indien, qui produisent ces changements, suivant que dans l'hémisphère nord règne l'été ou l'hiver.

Au mois de janvier la température, dans notre hémisphère, descend à son degré le plus bas, tandis qu'elle monte, dans l'autre, à son degré le plus haut; en juillet, c'est l'inverse. Donc, en hiver, c'est-à-dire *d'octobre en avril*, la température du sud de l'Afrique produisant une vaste aspiration, la *mousson du nord-est souffle* dans la partie nord de l'océan Indien; en été, c'est-à-dire de *mai en septembre*, c'est *la mousson du sud-ouest* qui *souffle* dans la même région, car l'aspiration est produite alors par les déserts de l'Asie.

C'est seulement au nord de l'océan Indien que soufflent les moussons. Au sud, et par conséquent dans l'hémisphère austral, l'alizé du sud-est règne pendant toute l'année.

Vents Étésiens. — Sur les bords de la Méditerranée soufflent également des moussons qui ont reçu des anciens le nom de *vents étésiens* (de *etos,* saison). Le Sahara est ici le foyer et un foyer puissant, car son sol est de sable et les rayons solaires y tombent d'aplomb. De là, *pendant l'été, les vents du nord* qui passent sur la Grèce, l'Italie et la côte septentrionale de l'Afrique. Ces vents, bien connus des navigateurs, rendent les traversées d'Europe en Afrique plus courtes que celles d'Afrique en Europe pendant l'été. On se rend compte ainsi de l'appauvrissement de la nature végétale sur les versants nord des îles Baléares constamment refroidies par les vents qui soufflent d'Europe.

Mais, *pendant l'hiver,* le désert se refroidissant plus que la Méditerranée, l'effet contraire se produit, bien que considérablement plus faible, et un *vent* froid venant *du sud* souffle en Égypte.

Résumé. — Nous pouvons dire maintenant que :

1° — Les brises soufflent perpendiculairement au rivage de la mer : pendant le jour, de la mer; pendant la nuit, de la terre ;
2° — Les alizés soufflent constamment entre les tropiques, du N.-E. dans l'hémisphère nord, du S.-E. dans l'hémisphère sud;
3° — Ils sont dus à l'action combinée de la chaleur solaire et du mouvement de rotation de la terre;
4° — Ils sont modifiés par l'inégale répartition des terres et des eaux dans les deux hémisphères, — les irrégularités dans les contours et les reliefs des continents, — les saisons et les déserts ;
5° — Les moussons sont des alizés modifiés par le voisinage des déserts.

Vents particuliers, froids et chauds. — Les vents de la Méditerranée se propagent dans le sud de la France, en Provence surtout, et de proche en proche ils balayent toute la vallée du Rhône, sous les noms de *bise* et de *mistral.* On les retrouve sous l'appellation de *gallego,* en Espagne; de *bora,* en Istrie et en Dalmatie. Partout ils sont remarquables par leur violence et leur âpreté, et ne le cèdent qu'aux ouragans pour la puissance de leurs effets.

Tandis que ces vents froids soufflent sur l'Europe, des vents chauds règnent dans le Sahara, les déserts de l'Arabie, de la Perse, etc. La chaleur solaire, très-intense dans ces régions, s'engouffrant dans l'épaisse couche de sable qui couvre le sol, la température de l'air devient bientôt très-élevée. Il en résulte un vent brûlant, le *samoun* (poison), qui soulève et entraîne des nuages de sable, véritables avalanches du désert. En quelques heures, il forme des éminences. Quelquefois le nuage de sable est assez épais pour produire une obscurité passagère; le soleil s'entrevoit comme à travers un brouillard; c'est à peine si l'on distingue les objets voisins qui paraissent d'une couleur grise uniforme. Alors les animaux fuient par groupes où se mêlent les espèces ennemies : tigres, lions, gazelles, s'échappent côte à côte devant le danger commun.

Mourir de soif, tel est le danger. En un instant, les caravanes voient avec effroi leur provision d'eau évaporée. Le voyageur sent sa peau se gercer brûlée par le vent, sa gorge s'enflamme, et souvent la mort s'ensuit après les plus vives souffrances. C'est ainsi que bien des caravanes ont péri depuis l'antique expédition de Cambyse.

On retrouve les analogues du samoun dans les plaines de l'Orénoque. En Europe, le *solano* d'Espagne, le *sirocco* d'Italie le rappellent, bien que considérablement adoucis. Dans ces dernières régions, ces vents prennent naissance dans les plaines de l'Andalousie et sur les rochers arides de la Sicile.

Typhons, Tornados, Tourbillons. — Lorsqu'il fait du vent et que des courants divers se rencontrent dans un carrefour, il se forme fréquemment des tourbillons qui enlèvent et emportent les corps légers : imaginez ce même phénomène se produisant en mer, sur une vaste étendue et avec une immense puissance : vous aurez alors ces tempêtes nommées *typhons*, *tornados*, *tourbillons*, qui brisent comme en se jouant les plus solides navires.

Marées atmosphériques. — Il semble tout naturel de se demander s'il n'existe pas des *marées atmosphériques* analogues aux marées océaniques et dues comme celles-ci à l'attraction de la lune et du soleil. Cette question est d'autant plus intéressante à résoudre, que bien des gens veulent ainsi expliquer une prétendue action de la lune dans les changements de temps, et donner à un préjugé une apparence scientifique.

L'action des astres s'exerce en effet sur l'atmosphère comme sur la mer; mais, la masse de l'air étant bien inférieure à celle de la mer, cette action ne peut être que très-faible. D'autre part, la moindre variation de température produit des effets bien autrement puissants que l'attraction de la lune. Enfin, nous sommes au fond de l'océan gazeux, et les marées se passent à la surface; il faudrait donc qu'elles eussent une très-grande intensité pour que le baromètre les signalât, car, on ne l'a pas oublié, l'air des régions supérieures est celui qui a le plus faible poids.

Laissons là les marées impuissantes de l'atmosphère ; les vents seuls ont une véritable influence dans les modifications de la température et de l'état du ciel.

Système général des Vents. — On a vu comment l'inégalité de surface des terres et des eaux, la configuration des continents et des océans, les déserts, etc., viennent modifier, en les compliquant, les lois qui président aux mouvements de l'atmosphère. Néanmoins, à les envisager dans leur ensemble, ces lois paraissent simples, et il est peut-être permis d'établir un système général des vents.

Dans les deux hémisphères, *à partir du 30e degré* de latitude, sur des étendues différentes, *soufflent les alizés. Ceux de l'hémisphère boréal s'arrêtent au 9e degré* et forment une zone de 21 degrés, tandis que *ceux du sud* dépassent l'équateur et *atteignent le 4e degré de latitude nord*, s'étendant

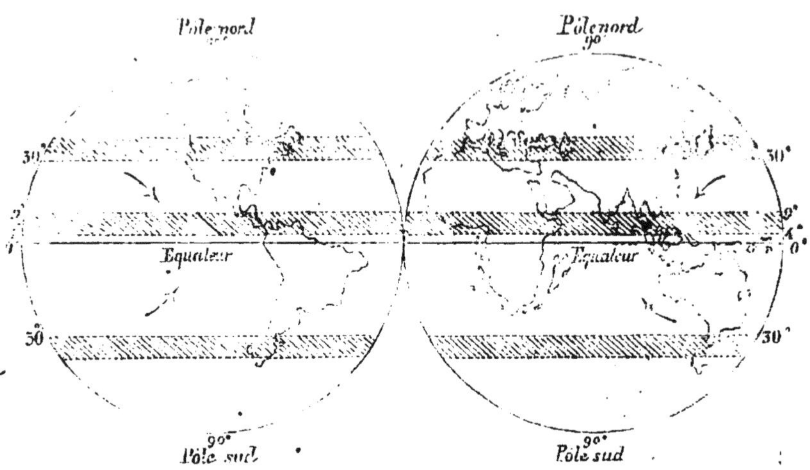

Fig. 9. — Système général des vents.

ainsi sur une zone de 34 degrés. Au-dessus des alizés, dans les régions supérieures de l'atmosphère, *soufflent les contre-alizés.*

Entre le 4e et le 9e degré, sur une étendue de 5 degrés, se trouve la *région des calmes de l'équateur*. Par l'évaporation très-active dans cette zone, par la poussée des vents alizés du nord et du sud, les nuages se rassemblent sur cette bande, où ils forment une ceinture qui entoure la terre.

Au delà des alizés, dans les deux hémisphères s'étendent de nouvelles régions de calmes, ceux du Cancer et du Capricorne, chacun sur une zone d'environ 12 degrés. Viennent enfin des courants incomplétement connus autour de chaque pôle.

On le voit, aux zones terrestres délimitées par la température, et qui ont reçu le nom de *torride*, de *tempérées* et de *glaciales*, correspondent des zones atmosphériques qui présentent sensiblement les mêmes contours.

Rôle des courants atmosphériques. — Examinons maintenant le rôle des courants de l'atmosphère. L'anneau de nuages rassemblés par les vents à l'équateur est tantôt un écran qui protége les régions équatoriales contre la trop vive intensité des rayons solaires; tantôt un réservoir d'où s'échappent les pluies diluviennes qui rafraîchissent l'air de ces brûlantes régions.

Les contre-alizés, qui soufflent dans les régions supérieures, poussent constamment ces mêmes nuages vers les zones tempérées en les rabattant vers le sol. Telle est l'origine de ces pluies bienfaisantes qui fécondent les terres des grands continents.

Lorsque les nuages qu'apportent les vents sont arrêtés par les chaînes de montagnes, les vapeurs se déposent sur leurs crêtes. Ainsi se forment les neiges éternelles et les glaciers, où s'alimentent les cours d'eau qui retournent à la mer. « Les fleuves coulent vers la mer, et cependant la mer n'en est point remplie, dit l'*Ecclésiaste*, les fleuves retournent au lieu d'où ils étaient partis pour revenir en la mer. »

Enfin, ce sont ces mêmes courants qui, mêlant les diverses couches atmosphériques, apportent, pour ainsi dire, aux végétaux l'acide carbonique que les animaux ont expiré, aux animaux l'oxygène que les végétaux rejettent. Ainsi la circulation aérienne établit un lien étroit entre le règne végétal et le règne animal.

Résumé. — Ce qui précède nous apprend que :

1° — Les vents acquièrent des qualités particulières selon les régions qu'ils ont parcourues ;
2° — Ils produisent des tourbillons par leur rencontre;
3° — Les marées atmosphériques sont sans importance;
4° — Il y a des zones de vents correspondant aux zones terrestres et séparées par des régions de calmes;
5° — Les courants atmosphériques règlent la distribution des eaux du globe et forment un lien naturel entre les végétaux et les animaux.

APPENDICE

I.

DES INDICATIONS DU BAROMÈTRE.

On accorde souvent au baromètre une confiance trop absolue, parce qu'elle est aveugle. On le consulte pour connaître les variations du temps, de même qu'on regarde sa montre pour savoir l'heure, comme si, par exemple, le mot tempête marqué par l'aiguille du baromètre devait être une indication aussi précise que celle d'une heure quelconque désignée par l'aiguille de la montre. On répond avec la même assurance à la question *quelle heure est-il?* et à la question *quel temps va-t-il faire?*

Or, il y a une différence, et une différence notable, entre les indications d'une montre et celles d'un baromètre. Une montre qui marche bien indique exactement l'heure, un baromètre bien construit n'annonce pas nécessairement le temps qu'il va faire.

Comment se peut-il donc que l'on consulte un instrument aussi infidèle? La raison est qu'il dit souvent juste, plus ou moins suivant le pays. Mais, dira-t-on, s'il a quelquefois raison, pourquoi n'a-t-il pas toujours raison? Voilà justement le point. Le baromètre, nous l'avons vu, n'est pas fait pour prédire les variations du temps, mais pour mesurer la pression de l'atmosphère. Dans cette indication, le baromètre, lorsqu'il est bien fait, ne saurait se tromper. La colonne de mercure, ayant une certaine hauteur, ne saurait en avoir une autre, ou, si l'on aime mieux, la pression atmosphérique ayant une certaine valeur, le baromètre ne saurait en indiquer d'autres.

Pourquoi, alors, se sert-on du baromètre pour indiquer les changements de temps? C'est que la pression atmosphérique peut varier selon le temps qu'il fait, qu'il y a un rapport entre les variations de la pression exercée par l'air et les variations du temps, et que par là *le baromètre est en relation indirecte avec le temps*. Mais l'appréciation de ces rapports ne peut encore avoir de précision; le tort est donc de notre côté, si, vis-à-vis d'une hauteur ou pression, nous écrivons les mots : *variable, beau, tempête,* etc., car nous exprimons des rapports dont nous ne sommes pas sûrs. Nous allons le montrer en cherchant comment ces rapports existent, et dans quelle mesure ils peuvent servir comme pronostics.

Nous avons vu comment se produisent les vents de toutes sortes qui amènent ou chassent les nuages, apportent ou dissipent la vapeur d'eau et la pluie, en un mot causent les changements de temps; ces courants, le baromètre nous les signale fidèlement, parce que, tantôt en s'élevant, tantôt en s'abaissant, ils déterminent des variations dans la pression atmosphérique. Les montées et les descentes du mercure dans le tube du baromètre nous montrent sur une petite échelle la fluctuation des immenses vagues aériennes. Lorsque le télégraphe nous apporte instantanément les hauteurs du baromètre sur un certain nombre de points de l'Europe, nous pouvons presque tracer une carte aérienne comme on trace les cartes marines, avec l'indication des courants et la marche des nuages.

C'est donc parce qu'il est soumis à l'action des vents, que le baromètre est en relation avec les changements de temps, car les vents sont la principale cause de ces changements. Les vents peuvent être secs ou humides, chauds ou froids, suivant la nature des régions qu'ils auront traversées. Vont-ils de l'équateur aux pôles, ils sont chauds; au contraire, vont-ils d'un pôle à l'équateur, ils sont froids. Ont-ils passé au-dessus des mers, ils ont balayé la vapeur d'eau qui s'y trouve et l'ont emportée avec eux : ils sont donc humides. C'est ce qui arrive, par exemple, en France pour les vents qui viennent de la Méditerranée ou de l'Océan. Mais si le nord-est souffle, il a traversé les plaines de l'Allemagne, il a eu le temps de déposer la vapeur dont il pouvait être chargé, il nous arrive sec, chasse devant lui les nuages et nettoie le ciel.

Le même vent peut d'ailleurs être chaud et humide, celui du midi, par exemple, ou froid et sec, comme le nord-est. Mais il peut aussi être chaud et sec ou froid et humide. *Le vent influera donc de deux manières sur l'état de l'atmosphère :*

1° — Par sa température;
2° — Par son état de sécheresse ou d'humidité.

Le vent du sud, chaud et humide pour la France, en élevant la température, déterminera des courants ascendants et par suite la baisse du baromètre; en apportant de la vapeur, il pourra amener la pluie. Ainsi la baisse du baromètre pourra concorder avec la pluie. Le vent du nord-est, froid et sec pour la France, en abaissant la température, déterminera des courants descendants, et par suite la hausse du baromètre; en chassant les vapeurs, il amènera le beau temps.

Dans ce cas encore la hausse concordera avec le beau temps.

Mais il en est tout autrement, pour la France bien entendu, des vents compris entre l'ouest et le nord. En effet, ces vents étant à la fois froids et humides, le baromètre montera et indiquera le beau temps, tandis que nous serons menacés de la pluie. Le baromètre ne sera pas plus exact si le vent est à la fois chaud et sec, puisqu'il baissera alors par un beau temps.

Ainsi, *en France, le baromètre aura le plus souvent raison,* parce que généralement les vents qui soufflent en France sont en même temps froids et secs, ou chauds et humides, c'est-à-dire que les ascensions ou dépressions du mercure seront le plus souvent en rapport avec les indications du temps. Cependant, *il ne faudra ajouter foi aux indications qu'autant que les variations du niveau seront lentes et progressives.* Les oscillations brusques et instantanées offriront moins de certitude.

Si l'on veut ajouter à la probabilité des prédictions, on ne devra pas se contenter de l'observation du baromètre : *il faudra consulter l'hygromètre et le thermomètre, noter la direction du vent, observer si le ciel est pur ou nuageux,* et compléter ses indications par celles de l'expérience vulgaire, fondées sur les apparences du ciel et les habitudes des animaux, lesquelles ne sont pas à dédaigner.

On voit maintenant qu'on a tort de s'en rapporter aveuglément au baromètre, et qu'on n'a pas moins tort de s'en prendre à lui de ses prétendues erreurs.

On peut dire, d'une manière à peu près certaine, que le baromètre prédit :

1° — Une série de beaux jours lorsque, après des pluies de longue durée, il monte lentement et continûment pendant plusieurs jours et par un vent sec.

2° — Une série de jours pluvieux lorsque, après un temps sec assez long, il descend lentement et continûment pendant plusieurs jours et par un vent humide.

II.

AÉROSTATS.

Les ascensions en ballon ont fait connaître l'atmosphère d'une manière plus complète en nous permettant d'en explorer les hauteurs. Quelques mots des rapports de l'aérostatique avec la météorologie ne seront donc pas inutiles. Il nous faut, pour être clair, remonter jusqu'au principe d'Archimède dont l'aérostat est une application.

Principe d'Archimède. — Chacun sait que l'eau peut soutenir les corps en partie ou en totalité. Les légers mouvements du nageur suffisent pour le maintenir à la surface de l'eau. Si, en effet, un corps plonge dans l'eau, il prend la place de l'eau qui occupait avant lui l'endroit qu'il occupe; il se fait, pour ainsi dire, un moule dans le liquide et le remplit. L'eau qui se trouvait là avant le corps était soutenue par l'eau environnante, bien qu'elle n'en fût pas distincte. Supposons, pour fixer les idées, que le corps déplace dix litres d'eau, pesant dix kilogrammes : ces dix kilogrammes d'eau étaient supportés par l'eau enveloppante avant qu'on eût mis le corps. Maintenant que le corps tient la place de l'eau, cela n'empêche pas l'eau enveloppante d'exercer son effort ou sa pression sur le corps et de soutenir dix kilogrammes du poids de ce corps, comme auparavant elle soutenait dix kilogrammes d'eau. En un mot, *si un corps déplace une certaine quantité d'eau, il est poussé de bas en haut par l'eau qui l'environne, et cette poussée équivaut au poids de l'eau déplacée.*

Tel est le principe d'Archimède, et il est à peine nécessaire d'ajouter qu'on peut appliquer à tout liquide le même raisonnement.

Chaque litre de liquide déplacé par un corps allégeant le poids de ce corps du poids d'un litre de liquide, il s'ensuit naturellement que le corps sera d'autant mieux soutenu que le liquide sera plus lourd. Dans le mercure, par exemple, chaque litre déplacé diminuera le poids du corps de $13^k,6$. Il nous serait, par conséquent, impossible de pénétrer sans effort dans un bain de mercure. Dans l'alcool (esprit de vin), au contraire, le corps sera moins soutenu que dans l'eau.

Application du principe aux gaz. — Supposons un liquide deux, trois fois moins lourd que l'eau, il soutiendra deux, trois fois moins que l'eau. Par conséquent, l'air, qui pèse environ huit cents fois moins que l'eau, donnera une poussée huit cents fois moindre. Le corps d'un homme, par exemple, qui aurait un volume de cent litres, déplacerait cent litres d'air pesant cent trente grammes : il pèserait donc cent trente grammes de moins qu'il ne pèserait s'il n'y avait pas d'air[1].

Cette perte de poids, lorsqu'elle porte sur des corps lourds, est assurément peu de chose. Mais n'oublions pas qu'il y a des corps différant peu de l'air quant au poids, et qu'il en est même de plus légers, l'azote, l'hydrogène, etc. Or, si un corps pèse juste autant que l'air, il sera soutenu par l'air comme s'il en faisait partie et ne tendra ni à descendre ni à monter. S'il est plus léger que l'air, il sera poussé de bas en haut avec une force plus grande que son poids, et il s'élèvera dans l'atmosphère jusqu'à une région où l'air aura un poids égal au sien. Là, il restera en équilibre comme dans l'eau le poisson. Concevons qu'on enferme un tel corps dans une enveloppe, — et il va sans dire que ce corps ne peut être qu'un gaz, — que le gaz soit assez léger pour que le poids de l'enveloppe ajouté à son poids soit inférieur à celui de l'air, nous aurons un *aérostat* (de *aer*, air, et *statos*, arrêté), qu'on nomme vulgairement *ballon* à cause de sa forme le plus souvent sphérique.

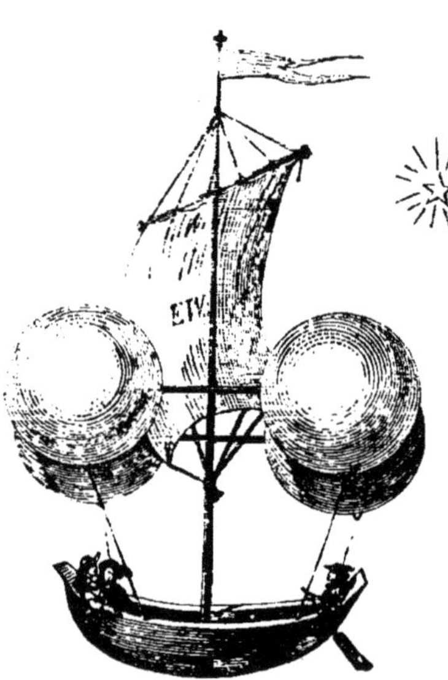

Fig. 10. — Appareil de Lana.

Aérostats. — La première idée des aérostats remonte au XVIIe siècle. Le père Lana imagina un système de ballons en cuivre mince, dans lesquels on aurait fait le vide. Ces ballons, reliés entre eux, portent un navire. L'appareil de Lana est resté à l'état de projet. Si le vide eût été produit dans les ballons, ils auraient été écrasés par la pression atmosphérique.

1. Il est bon d'observer que lorsqu'on définit le gramme le poids d'un centimètre cube d'eau distillée, à 4°, *pesée dans le vide*, ces mots, « pesée dans le vide, » signifient, non pas qu'on fait l'opération dans le vide, mais qu'on tient compte du poids de l'air déplacé. Le poids marqué un gramme est donc en réalité moindre qu'un gramme dans les pesées.

C'est aux frères Mongolfier qu'on doit l'invention des ballons à air chaud ou *montgolfières* (1782). Le ballon présentait à la

Fig. 11. — Montgolfière de Pilâtre des Roziers et du marquis d'Arlandes.

partie inférieure une ouverture par laquelle s'introduisait l'air chaud, et par conséquent plus léger, qui avait passé au-dessus d'un foyer placé au-dessous de l'ouverture.

A la fin de cette même année (1783), le physicien Charles se servit de l'hydrogène au lieu d'air chaud pour gonfler un ballon. Montgolfier en avait eu la pensée, mais il n'avait pas trouvé une enveloppe hermétique. Charles imagina d'employer le taffetas vernis. Enfin, en 1797, Garnerin inventa le parachute, vaste parapluie à l'aide duquel on peut descendre sans trop de danger si un accident arrive au ballon.

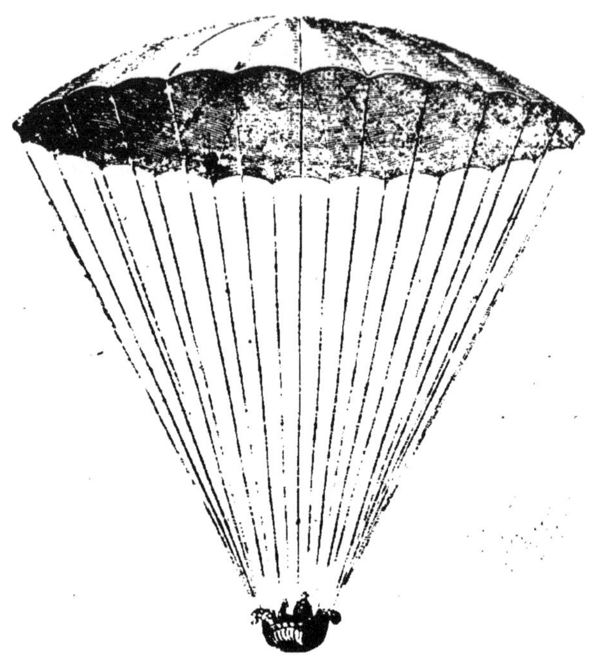

Fig. 12. — Parachute avec nacelle.

Voilà l'aérostat constitué à peu près tel qu'il est resté depuis. Aujourd'hui, un ballon se compose d'une enveloppe de taffetas revêtue à sa partie supérieure d'un filet auquel est suspendue la nacelle. Si, parvenu à une certaine hauteur, on veut s'élever davantage, on vide des sacs de sable qui font partie du lest du ballon; veut-on descendre? une soupape permet de laisser échapper le gaz à volonté; veut-on s'arrêter? on jette l'ancre attachée à la nacelle.

Ascension de Gay-Lussac; résultats. — En 1804, Gay-Lussac s'éleva en ballon dans un but de recherches scientifiques. De cette ascension, demeurée célèbre, date la connaissance des régions supérieures de l'atmosphère.

Gay-Lussac partit de Paris et arriva à Rouen au bout de six heures, ayant ainsi franchi un intervalle de trente lieues environ.

Il s'éleva jusqu'à sept mille mètres. Le baromètre était descendu de 77 à 33 centimètres.

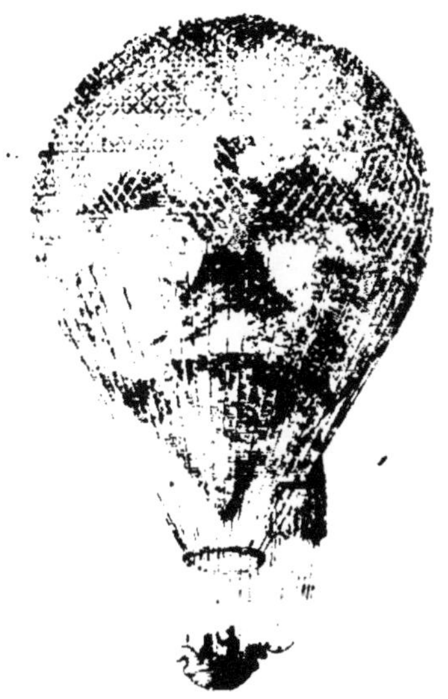

Fig. 13. — Ballon à hydrogène avec parachute.

Il constata :

1° — L'abaissement progressif de la température à mesure qu'il s'élevait : le thermomètre, qui marquait au départ 28 degrés, descendit à 10 degrés au-dessous de zéro;

2° — L'identité de composition de l'atmosphère à toutes les hauteurs : l'air apporté de ces hauteurs offrit la même composition que celui que nous respirons;

3° — La sécheresse des couches supérieures : le papier, le parchemin, se crispaient en perdant leur humidité, comme s'ils eussent été placés devant le feu (La vapeur d'eau existe surtout dans les parties de l'atmosphère voisines du sol. Là, en effet, elle est nécessaire à la vie);

4° — L'affaiblissement de la lumière dans les hauteurs : le ciel était d'un bleu noir, la lumière environnante affaiblie permettait de distinguer quelques étoiles (On voit à peine la flamme d'une bougie dans les rayons du soleil, tandis que cette même flamme est très-distincte pendant la nuit. Ainsi, l'obscurité relative des hauteurs de l'atmosphère est cause de l'apparition des étoiles);

5° — L'extinction des sons : les bruits de la terre s'éteignaient rapidement et la voix se produisait difficilement;

6° — Les modifications produites dans notre organisation. La respiration, à cette hauteur, est pénible; le sang chassé par les impulsions du cœur, dont l'effet n'est pas pondéré par la pression extérieure, rompt quelquefois les vaisseaux délicats du nez, des yeux et des oreilles.

Tels sont les résultats de la raréfaction de l'air : le froid, la nuit, le silence, le ralentissement de la vie.

L'EAU ET LES MÉTÉORES AQUEUX.

I. — NOTIONS PRÉLIMINAIRES.

Sommaire. — Divers états de l'Eau ; ses propriétés. — Poids. — Dissolution des corps dans l'Eau. — La solubilité des corps varie avec leur état et leur nature. — Influence de la température. — En quoi consiste la dissolution. — Distillation. — Composition de l'Eau. — Analyse de l'Eau. — Synthèse de l'Eau. — Combinaison et mélange. — Résumé.

Divers états de l'Eau; ses propriétés. — Dans la nature l'eau existe toujours sous trois états : l'état *gazeux* ou de *vapeur*, l'état *liquide* ou d'*eau* proprement dite et l'état *solide* ou de *glace*.

Un peu plus ou un peu moins de chaleur suffit pour opérer le passage de l'un à l'autre de ces états ; la facilité avec laquelle s'opère la transformation montre le peu d'importance qu'il faut attacher à ce qu'on nomme *l'état* d'un corps. Et, en effet, l'eau reste toujours identique à elle-même sous ces divers aspects physiques : ce sont les mêmes molécules, dont la position relative seule varie. Tandis que, dans l'état solide, elles sont soumises à des directions déterminées, dans l'état liquide, au contraire, les molécules roulent librement les unes sur les autres comme des perles infiniment petites et d'un poli parfait. Enfin, dans l'état de vapeur ces mêmes molécules d'eau tendent à s'éloigner les unes des autres avec une force plus ou moins grande qui constitue la *tension*, la *force* expansive ou *élastique* de la vapeur.

Quel que soit d'ailleurs son état, l'eau pure n'a ni odeur ni saveur. Elle a une couleur verdâtre qu'on ne peut voir, tant elle est faible, qu'autant qu'on a sous les yeux une couche d'eau suffisamment profonde.

Poids. — *Le litre de vapeur pèse environ 0gr,8; le litre d'eau, 1 kilogr.; le litre de glace, 0kg,91.*

Ainsi le poids de la vapeur d'eau étant représenté par 8, celui de l'eau l'est par 10000, celui de la glace par 9100.

Il est bon de remarquer que ces poids varient avec la température. Le litre d'eau pèse 1 kilogr. à 4 degrés; au-dessus ou au-dessous de cette température, l'eau pèse moins. — On observera également, en comparant le poids de l'eau à celui de la vapeur, combien il faut peu d'eau pour produire beaucoup de vapeur.

Dissolution des corps dans l'Eau. — L'eau pure ou *distillée* n'existe pas dans la nature, même sous forme de pluie. Comment en serait-il autrement? Ne voyons-nous pas le sucre se dissoudre dans l'eau lorsqu'on prépare un verre d'eau sucrée? N'est-ce pas de l'eau de mer qu'on extrait le sel qui y est dissous? Il est dès lors tout naturel que les cours d'eau renferment une certaine quantité des corps qui forment leur lit. Les eaux doivent à ces corps leur goût et leurs qualités.

La solubilité des corps varie avec leur état et leur nature. — L'eau ne dissout pas seulement les corps solides, mais encore les liquides et les gaz. Le mélange de vin et d'eau est une véritable dissolution du vin dans l'eau. Les poissons respirent l'air dissous dans l'eau. C'est à l'humidité dont ils sont recouverts que les tissus végétaux et animaux doivent de pouvoir fixer et absorber les gaz. Toutes les substances ne sont pas également solubles dans l'eau; ainsi le sucre et le sel le sont beaucoup plus que la craie et le plâtre; l'oxygène l'est plus que l'azote : d'où il résulte que l'air dissous dans l'eau est plus riche en oxygène que celui de l'atmosphère.

Influence de la température. — La quantité d'un corps solide dissous est d'autant plus grande que l'eau est plus chaude: mettez dans du café chaud autant de sucre qu'il en peut dissoudre, puis laissez-le refroidir, et vous verrez une portion du sucre se déposer. — Pour les corps gazeux, c'est le contraire: l'eau froide en dissout plus que l'eau chaude [1].

En quoi consiste la dissolution. — La dissolution peut être comparée à une dissémination des substances dans le liquide. Le sucre dissous dans l'eau s'est divisé en fragments infiniment petits qui s'éparpillent et se lient chacun à une molécule d'eau;

1. Lorsqu'on veut dissoudre de grandes quantités d'un gaz, comme il arrive dans la fabrication des vins mousseux et des eaux gazeuses, on comprime le gaz avec une pompe foulante dans le vase qui contient le liquide et on fixe solidement le bouchon.

c'est une sorte de mélange très-intime. D'ailleurs l'union n'est pas également étroite pour tous les corps, l'attraction s'opérant avec plus ou moins de force suivant le liquide et suivant le corps dissous.

Distillation. — Il en résulte que lorsqu'on veut purifier ou distiller un liquide, c'est-à-dire en séparer les corps étrangers, on ne saurait employer un procédé unique, parce que les conditions sont diverses. Cependant on parvient à les dégager tous. Cela est très-facile pour l'eau : il suffit de la chauffer légèrement pour la débarrasser de l'air qu'elle renferme. On voit les petites bulles se fixer d'abord sur les parois du vase d'où elles s'élancent ensuite à la surface. Continuez à chauffer, recueillez la vapeur qui se dégage, vous aurez de l'eau pure.

Composition de l'Eau. — L'eau est formée uniquement d'*oxygène* et d'*hydrogène*. On connaît déjà l'oxygène. L'hydrogène est le plus léger de tous les gaz, il pèse environ quinze fois moins que l'air. Il n'a ni couleur, ni odeur, ni saveur. Il est inflammable, et sa flamme, bien que très-chaude, est à peine visible.

Analyse de l'Eau. — Pour faire l'*analyse*, c'est-à-dire la dé-

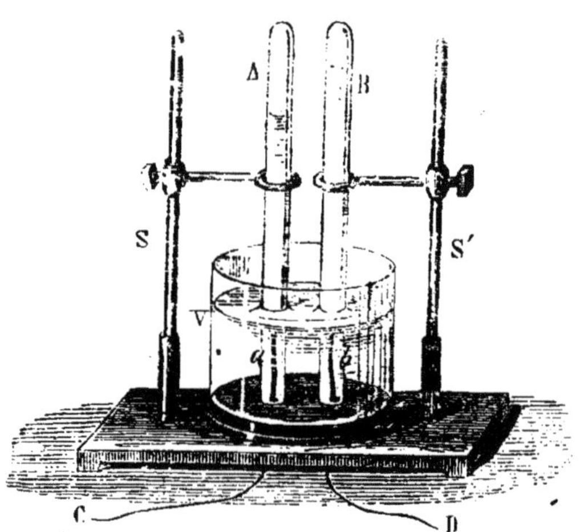

Fig. 14. — Appareil pour la décomposition de l'eau[1].

composition de l'eau, on se sert de la *pile*. Les deux fils aboutissent au fond d'un verre rempli d'eau et s'engagent dans deux petites éprouvettes également pleines du même liquide. De nom-

1. *Ca*, D*b*, fils de la pile; V, verre; A, B, éprouvettes; S, S', supports.

breuses petites bulles s'élèvent dans chaque éprouvette ; dans l'une c'est de l'hydrogène, dans l'autre de l'oxygène. On remarque que le volume du premier gaz est double de celui du second.

L'eau se compose donc d'un volume d'oxygène uni à un volume double d'hydrogène. Au lieu d'estimer le volume des gaz, on peut en évaluer le poids. On trouve alors que *sur neuf grammes d'eau,* il y en a *huit d'oxygène et un d'hydrogène.*

Synthèse de l'Eau. — Nous pouvons faire la preuve de l'expérience précédente en prenant l'oxygène et l'hydrogène que nous avons recueillis et en recomposant l'eau. On fait alors la *synthèse* de l'eau. Il suffit, après avoir mêlé ces deux gaz dans un flacon, d'enflammer le mélange à l'aide d'une allumette. Une explosion se produit, les deux gaz se combinent et l'eau est recomposée.

Combinaison et Mélange. — On vient de voir que deux *gaz* peuvent donner naissance à un *liquide,* que l'un de ces gaz est *comburant,* l'autre *combustible,* et que l'eau qui résulte de leur *combinaison* ne possède ni l'une ni l'autre de ces propriétés. On voit par là que les corps en se *combinant* produisent des corps *nouveaux* en ce sens qu'ils peuvent différer totalement des premiers. Il n'en est pas ainsi dans le simple *mélange* où chacun des corps mélangés jouit de ses propriétés à peu près comme s'il était seul, où l'on peut le reconnaître et le séparer facilement des autres. — Observons encore que les corps ne se combinent qu'en proportions définies, tandis qu'ils se mêlent en toutes proportions.

Résumé. — On voit donc que :

1° — L'eau peut exister à l'état gazeux, liquide ou solide ;

2° — Elle dissout les corps en quantité variable, suivant la nature du corps et la température ;

3° — Elle se compose d'un volume d'oxygène pour deux volumes d'hydrogène, ou de 8 grammes d'oxygène pour 1 gramme d'hydrogène.

II. — L'EAU A L'ÉTAT DE GAZ OU DE VAPEUR.

SOMMAIRE. — La Vapeur d'eau. — Gaz et Vapeurs. — Mélange des Gaz et des Vapeurs. — Tension *maxima*, Saturation. — Mesure de la force élastique des Vapeurs. — Évaporation, Vaporisation. — Causes qui influent sur l'Évaporation. — Comment se produit l'Ébullition. — Causes qui influent sur la Vaporisation ou sur l'Ébullition. — Pression; Influence du vase; Substances en dissolution.

La Vapeur d'eau. — L'eau à l'état de gaz ou la *vapeur d'eau* joue un rôle important en météorologie. Mêlée à l'air, elle se transforme en rosée, en pluie, en neige, etc., et, en un mot, donne naissance à tous les météores aqueux. On ne saurait donc étudier ces divers météores et se rendre compte de leur formation sans avoir d'abord passé en revue les diverses propriétés de la vapeur d'eau.

Gaz et Vapeurs. — On a longtemps distingué les *gaz* des *vapeurs*, parce qu'on croyait que certains corps ne pouvaient exister qu'à l'état de gaz et ne se laissaient pas liquéfier : on les nommait en conséquence *gaz permanents*. On appelait *vapeurs*, au contraire, les corps gazeux qui peuvent facilement passer de l'état de gaz à celui de liquide. Aujourd'hui, on est parvenu à liquéfier la plus grande partie des gaz considérés jadis comme permanents et même à en solidifier un certain nombre. Il en résulte que la différence entre les gaz et les vapeurs ne porte que sur un point, à savoir que *les vapeurs se liquéfient ou se condensent plus facilement que les gaz*.

Les vapeurs sont compressibles et élastiques comme les gaz et soumises en cela aux mêmes lois tant qu'elles ne sont pas près de se liquéfier. Il y en a de colorées et d'incolores. Chacune a son poids particulier et son élasticité propre. Bien que, dans ce qui va suivre, il s'agisse surtout de la vapeur d'eau, n'oublions pas qu'elle a des propriétés communes avec la plupart des autres vapeurs.

Mélange des Gaz et des Vapeurs. — *Les mélanges de gaz et de vapeurs ou de vapeurs seules sont soumis aux lois des mélanges de gaz.* Une vapeur se répand dans un gaz, s'insinue dans ses pores, se mêle à lui comme le vin se mêle à l'eau. Gaz ou vapeur, chacun conserve son élasticité dans le mélange et agit à très-peu près comme s'il était seul.

Ainsi, la vapeur d'eau répandue dans l'air a une certaine force élastique, qui entre pour une part dans la pression atmosphérique et influe, par conséquent, sur la hauteur du baromètre.

Tension Maxima ; Saturation. — Puisque les vapeurs sont, à fort peu près, des gaz, il s'ensuit que la *loi de Mariotte* leur est applicable. Si donc on comprime une masse de vapeur déterminée, sa force ou sa *tension* augmente en raison inverse du volume qu'elle occupe; toutefois il arrive un moment où cette tension n'augmente plus, où elle est *la plus grande* possible, c'est-à-dire *maxima*.

A ce moment, en effet, si l'on continue à comprimer la vapeur, il s'en condense, c'est-à-dire il s'en liquéfie une certaine portion, d'autant plus grande qu'on resserre plus l'espace qu'elle occupe. Il résulte de là que *dans un lieu déterminé on ne peut mettre plus d'une certaine quantité de vapeur.* Car, on le comprend, une fois la limite atteinte, toute quantité nouvelle de vapeur introduite se condense, de sorte qu'il y a plus de liquide mais non plus de vapeur. On dit alors que l'espace est *saturé*.

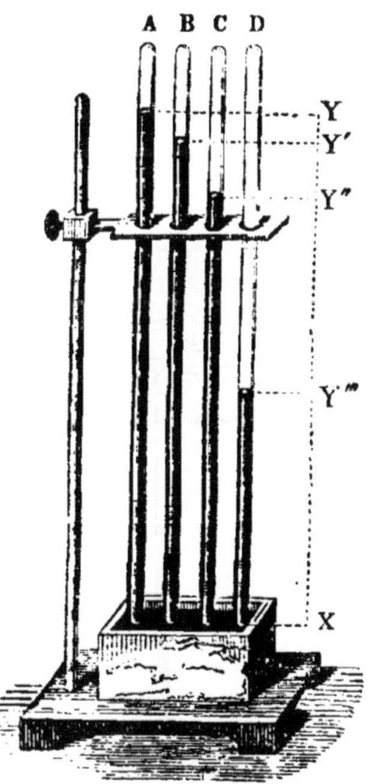

Fig. 15. — Tubes barométriques pour comparer les tensions des vapeurs [1].

C'est lorsqu'un espace est saturé que la force de la vapeur est maxima : les deux faits se produisent simultanément.

L'expérience nous apprend que *la quantité de vapeur nécessaire pour saturer un espace déterminé est d'autant plus grande que la température est plus élevée ; il en est de même de la tension maxima.*

Mesure de la force élastique des Vapeurs. — La force élastique de la vapeur n'a pas moins d'importance dans la production des météores aqueux, que la quantité elle-même de vapeur contenue dans un espace déterminé.

C'est à l'aide du baromètre qu'on juge de la force d'une vapeur, tant que cette force ne dépasse pas la pression atmosphérique. On

1. A, baromètre servant de repère ; B, C, D, tubes renfermant la vapeur d'eau d'alcool et d'éther ; YY', YY'', YY''', hauteurs exprimant les tensions ; X, niveau du mercure dans la cuvette.

fait passer dans la chambre barométrique quelques gouttes d'eau, d'éther, d'alcool, etc., en un mot du liquide dont on veut examiner la vapeur. Dans cet espace vide, le liquide se vaporise immédiatement. Aussitôt le mercure s'abaisse, parce que la force de la vapeur presse sur lui. Le nombre de millimètres dont il est descendu exprime la tension.

Mais la température de l'atmosphère varie, et par suite celle de la vapeur aqueuse qui y est contenue. Or, la force des vapeurs variant avec la température, il ne suffit pas de la mesurer à un moment déterminé : il faut encore en étudier les variations aux diverses températures. Dans ce cas, on chauffe ou on re-

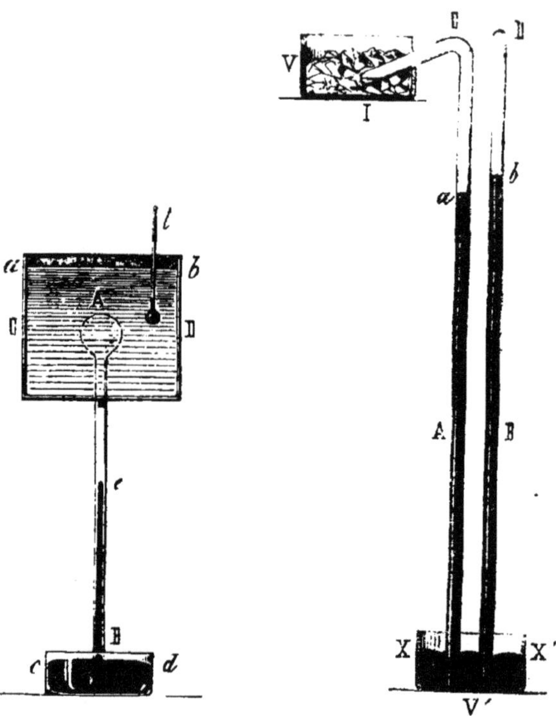

Fig. 16. — Appareil pour la mesure de la tension des vapeurs au-dessus de 0° [1].

Fig. 17. — Appareil pour la mesure de la tension des vapeurs au-dessous de 0° [2].

1. A, espace renfermant la vapeur; B*e*, mercure; *cd*, cuvette; D*ba*C, vase renfermant l'eau qu'on élève à différentes températures; *t*, thermomètre.

2. B*b*D, baromètre; A*a*C, tube barométrique renfermant la vapeur; X, X', V', cuvette; V, I, vase renfermant le mélange réfrigérant.

froidit la chambre barométrique, en l'entourant d'un manchon dans lequel on met de l'eau, qu'on amène à la température voulue, ou de la glace, ou un *mélange réfrigérant.*

On a constaté par ces expériences : 1° que *la force de la vapeur croît plus rapidement que la température,* l'écart étant d'autant plus grand que la température est plus élevée.

2° Qu'à *la température de l'ébullition d'un liquide, la force de sa vapeur est égale à la pression atmosphérique.* Si par exemple l'eau bout à 100°, à cette température la force élastique de la vapeur d'eau est égale à la pression atmosphérique.

Évaporation ; Vaporisation. — La vapeur se produit tantôt par *évaporation,* tantôt par *vaporisation.* Les deux mots ne sont pas synonymes, bien qu'il s'agisse, dans les deux cas, de la transformation de l'eau en vapeur. — L'évaporation s'entend de la formation lente des vapeurs à la surface du liquide, comme cela a lieu le plus communément. Vous arrosez, et au bout d'un certain temps l'eau s'est *évaporée.* L'eau *s'évapore* constamment à la surface des eaux du globe. — La vaporisation s'entend de la formation des vapeurs, non-seulement à la surface du liquide, mais encore dans tous les points de sa masse. La vaporisation se produit le plus souvent à l'aide de la chaleur. Les bulles de vapeur, en se dégageant du sein du liquide, déterminent ce tumulte, cette agitation qu'on nomme *ébullition.* Ainsi quand l'eau *bout,* elle se *vaporise.*

Causes qui influent sur l'Évaporation. — L'évaporation peut être plus ou moins active en raison de causes diverses que nous allons examiner successivement.

1° *Surface.* — Puisque c'est à la surface d'un liquide que se produit l'évaporation, il est tout naturel qu'elle soit d'autant plus rapide que la surface occupée par le liquide est plus grande. — Prenez un encrier à ouverture étroite si vous voulez que l'encre s'évapore moins vite. — L'eau contenue dans un verre s'évaporera moins vite que si elle est répandue sur le sol.

2° *Température.* — Lorsque la température s'élève, l'air se dilate, ses pores s'agrandissent, et la vapeur, qui s'insinue dans les pores de l'air, trouve d'autant plus de place pour s'y loger. — Ceci explique pourquoi il faut arroser fréquemment pendant les journées chaudes.

3° *Pression.* — Sur les hauteurs, où l'air est plus rare que dans les plaines, ses pores sont par conséquent plus grands; c'est comme si l'on avait élevé la température de l'air. — L'eau d'un lac situé sur une montagne s'évaporera plus vite que celle du ruisseau qui coule dans le ravin.

4° *Vent.* — Lorsqu'un vent léger souffle à la surface de l'eau, les couches d'air se renouvelant plus vite que par un temps calme emportent aussi plus rapidement la vapeur qui se produit. — Le linge se sèche promptement lorsqu'il fait du vent.

5° *Pureté du liquide.* — L'eau n'est jamais pure, elle contient en dissolution des corps étrangers : or, il faut que les molécules qui s'évaporent se séparent non-seulement de l'eau, mais encore de ces autres corps intimement unis à elles. — A cause de cela l'eau de mer, qui est salée, s'évapore moins vite que les eaux des fleuves, qui sont douces; chaque petit fragment de sel s'attache à une molécule d'eau et ne la laisse pas partir facilement.

Nous pouvons maintenant conclure de ce qui précède que *l'évaporation d'un liquide est d'autant plus rapide* que :

1°. — La surface est plus étendue;
2°. — La température plus élevée;
3°. — La pression de l'air plus faible;
4°. — L'air plus agité;
5°. — Le liquide plus pur.

Comment se produit l'Ébullition. — Sans doute l'évaporation d'un liquide peut être plus ou moins rapide, mais elle est toujours lente relativement à la vaporisation. C'est qu'en effet les molécules d'eau ne s'évaporent qu'autant qu'elles trouvent des pores vides dans l'air qui les touche. Au contraire, dans la vaporisation, la vapeur lutte contre l'air et de force s'y fait sa place.

Lorsqu'on met sur le feu un vase rempli d'eau, c'est la couche inférieure du liquide qui s'échauffe d'abord, devient plus légère et s'élève dans le vase, comme il arrive des couches d'air dans le tuyau d'une cheminée. Il se produit des courants ascendants jusqu'à la surface. L'eau de la surface vient prendre la place de celle du fond et forme des courants descendants. Les corps légers en suspension dans l'eau rendent ces courants visibles.

A mesure que la chaleur se répand ainsi dans toutes les parties du liquide, les vapeurs deviennent plus abondantes, mais elles se forment toujours à la surface. C'est une évaporation plus rapide, ce n'est pas encore la vaporisation.

Bientôt se fait entendre une sorte de frémissement, qu'on appelle le *chant du liquide.* Il précède l'ébullition et provient des vibrations que produisent les bulles de vapeur qui se forment dans tous les points du liquide, et qui crèvent avant d'atteindre la surface.

Enfin toute l'eau est à une température convenable : alors les vapeurs l'agitent, en soulèvent tumultueusement la surface et se répandent en abondance au-dehors, formant un nuage au-dessus du liquide. C'est *l'ébullition.*

Causes qui influent sur l'Ébullition. — Plusieurs causes influent sur la température du point d'ébullition. Examinons-les successivement.

1° *Influence de la pression.* — Le feu ou la chaleur est le moyen le plus généralement employé pour faire bouillir un liquide, mais ce n'est pas le seul. Si l'on se souvient, d'une part, que l'évaporation est d'autant plus rapide que la pression est plus faible; de l'autre, que la force élastique de la vapeur d'un liquide qui bout est égale à la pression atmosphérique, on conclura *que la pression atmosphérique est la principale cause qui s'oppose à l'ébullition d'un liquide.*

Ainsi l'eau qui bout au fond d'une mine est plus chaude que celle qui bout à la surface de la terre; l'eau qui bout dans la plaine est plus chaude que celle qui bout sur le sommet de la montagne. Tandis que sur le Mont-Blanc le point d'ébullition est à 84°, il est à Paris à 100°. On voit que la température de l'ébullition s'abaisse à mesure que la pression diminue, et qu'*on peut faire bouillir l'eau à toutes les températures.* L'eau bouillante n'est donc pas nécessairement de l'eau chaude.

On peut même la faire bouillir à froid : il suffit pour cela d'enlever complètement l'air, en plaçant l'eau sous le récipient de la machine pneumatique. Mais voici un moyen plus simple. Prenez un ballon de verre, emplissez-le d'eau jusqu'à moitié environ et faites bouillir cette eau pendant un certain temps : l'air du ballon sera expulsé. Fermez alors le ballon avec un bouchon et retournez-le sens dessus dessous. Au-dessus de l'eau il n'y a maintenant que sa propre vapeur. Refroidissez le haut du ballon, cette vapeur se condense et le vide se fait tout naturellement : aussitôt l'eau du ballon entre en ébullition.

Puisque 'ébullition est précipitée dans la mesure où la pression diminue, il est naturel qu'elle soit retardée dans la mesure où la pression augmente. En raison de ce principe, si l'on enferme de l'eau dans un vase dont le couvercle est solidement fixé, afin d'empêcher la vapeur de sortir, la pression même de la vapeur retardera l'ébullition indéfiniment et la température s'élèvera de plus en plus. La *marmite de Papin* est une application de ce principe.

La température de l'ébullition d'un liquide varie donc avec la pression de l'atmosphère d'air, de gaz ou de vapeur qui pèse sur sa surface.

On comprend maintenant l'espèce de lutte qu'il y a entre l'atmosphère et les vapeurs d'un liquide. Cette lutte cesse dès qu'on enlève l'obstacle à la vaporisation, soit en faisant le vide, soit en chauffant le liquide pour lui donner la force de triompher de l'air.

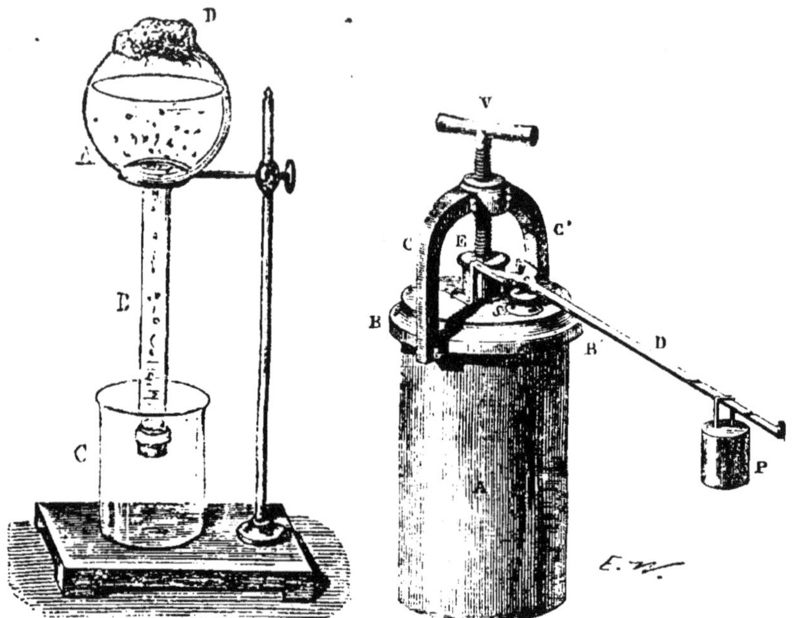

Fig. 18. — Ballon disposé pour l'ébullition dans le vide[1].

Fig. 19. — Marmite de Papin[2].

Tous les liquides ne bouillent pas à la même température. Ainsi l'éther bout à 35°, l'alcool à 80°, l'eau à 100°, le mercure à 360°, le baromètre marquant 76 cent. On dit de l'éther que c'est un liquide *volatil,* parce qu'il bout à une basse température. Il résulte naturellement de ce fait que *les vapeurs des divers liquides ont des tensions différentes* à une même température; ils sont, en effet, plus ou moins près du moment de l'ébullition où la tension est la même pour toutes les vapeurs.

2° *Influence du vase.* — L'eau qui bout dans un vase métallique est un peu moins chaude que celle qui bout dans un ballon

1. A, ballon; B, col du ballon; C, vase; D, éponge imbibée d'eau froide pour condenser la vapeur.

2. A, marmite; BB', couvercle; VE, vis destinée à maintenir le couvercle: CC', support de la vis; D, levier chargé du poids P pour maintenir la soupape S fermée.

de verre. Toutefois la différence de température ne dépasse pas un degré. *L'adhérence du liquide à la substance du vase est une résistance de plus à vaincre*, et pour cela une certaine quantité de chaleur est nécessaire. Ainsi l'eau ayant une attraction plus forte pour le verre que pour le métal, on s'explique pourquoi celle qui bout dans le ballon est à 101° quand l'autre est à 100°. Il va sans dire que la température de l'ébullition variera différemment avec un vase d'une autre substance.

3° *Substances en dissolution.* — Les substances dissoutes produisent un effet analogue au précédent. Comme on l'a vu à propos de l'évaporation, chaque fragment de substance dissoute s'attache à la molécule d'eau voisine et s'oppose à son départ. Ainsi l'ébullition de l'eau salée a lieu à une température plus élevée que celle de l'eau douce; et plus il y a de sel, plus cette température est élevée. La nature du corps dissous influe parce que l'affinité du liquide pour chaque corps est variable.

Il résulte de ce que nous venons de dire, que *la présence de corps en dissolution dans un liquide retarde le moment de l'ébullition de ce liquide et en élève la température;* — que cette influence est d'autant plus grande que l'eau a plus d'affinité pour les corps dissous et que ceux-ci sont en plus grande quantité.

Concluons que *l'ébullition d'un liquide est d'autant plus rapide* que :

1°. — La pression est plus faible;
2°. — La substance du vase exerce moins d'adhérence;
3°. — Le liquide est plus pur.

III. — L'HYGROMÉTRIE.

SOMMAIRE. — Vapeur invisible et Vapeur visible. — Substances hygrométriques; Déliquescence, Efflorescence. — Hygrométrie; Hygroscopes, Hygromètres. — Hygromètre chimique. — Hygromètre à cheveu; Choix du cheveu; Appareil; Graduation. — Relation entre les degrés et l'humidité; Tables. — État hygrométrique. — Variations de la quantité de Vapeur aqueuse de l'atmosphère : 1° Pendant le jour; 2° Pendant l'année; 3° Dans les divers lieux; 4° A diverses hauteurs; 5° Avec le vent. — Remarque. — Résumé.

Vapeur invisible et Vapeur visible. — La vapeur d'eau est tantôt répandue dans l'atmosphère, invisible, dissimulée dans les pores de l'air, où rien ne peut la faire soupçonner que les effets qu'elle produit; tantôt localisée, accumulée en certains points en amas *visibles* qui sont les nuages; elle affecte alors une sorte d'état intermédiaire entre l'état gazeux et l'état liquide.

La vapeur invisible peut devenir visible, lorsqu'elle commence à se condenser; d'autre part, la vapeur visible ou le nuage peut disparaître lorsque l'air environnant est très-sec.

La vapeur invisible est plus particulièrement ce qu'on nomme l'humidité; elle produit la rosée et certains phénomènes d'optique, comme les auréoles autour des astres. La vapeur visible, c'est-à-dire le nuage, est la cause immédiate de la pluie, de la neige, etc.

Substances hygrométriques; Déliquescence, Efflorescence.— Bien que la vapeur d'eau répandue dans l'air y soit invisible, certains corps trahissent sa présence. Par les jours humides, on voit le sel s'imprégner d'eau et même se dissoudre dans cette eau qu'il emprunte à l'atmosphère. Il a une attraction particulière pour la vapeur d'eau, il l'appelle à lui, la condense et se mêle à elle. Les cheveux agissent de la même manière, ils s'imbibent à la façon des éponges. Le verre n'est presque jamais sec. Toutes ces substances sont dites *hygrométriques* (de *ugros,* humide).

On réserve le nom de *déliquescents* aux corps hygrométriques solubles dans l'eau, parce qu'après s'être imbibés ils deviennent en quelque sorte liquides. D'autres, exposés à l'air, tantôt y perdent l'eau qu'ils renferment, tantôt se combinent avec la vapeur aqueuse de l'atmosphère, et se brisent en petits fragments qui affectent assez souvent l'apparence de certaines fleurs, d'où leur nom d'*efflorescents.*

Hygrométrie; Hygroscopes, Hygromètres. — Il est intéressant de connaître la quantité de vapeur aqueuse contenue dans l'atmosphère, car elle a un rôle important dans l'économie du règne végétal et du règne animal. Les substances animales et végétales s'imprègnent d'humidité et se déforment plus ou moins sous cette influence. On exprime ce fait quand on dit que le bois *travaille.* — On raccommode une vieille futaille qui laisse fuir les liquides en la laissant séjourner un certain temps dans l'eau pour qu'elle se gonfle. — Les cheveux, les fanons, etc., s'allongent par les temps humides.

L'étude de la vapeur répandue dans l'air constitue l'hygrométrie; les instruments propres à montrer et à mesurer la vapeur sont les hygroscopes (*skopeo,* je regarde) *et les hygromètres.* Les premiers ne sont que des hygromètres imparfaits.

Tous les corps hygrométriques sont propres à servir d'hygrometres, le mode d'emploi seul diffère. Il suffira de signaler l'*hygromètre chimique* et l'*hygromètre à cheveu.*

Hygromètre chimique. — L'hygromètre chimique n'est pas, à proprement parler, un appareil, mais un procédé employé pour évaluer le poids de vapeur aqueuse contenue dans l'air.

Il ne s'agit que de prendre une substance hygrométrique, de la mettre dans un tube après l'avoir pesée et de faire passer un certain nombre de litres d'air à travers le tube.

En traversant le tube, l'air se dépouillera de son humidité, qui restera dans le sel. L'accroissement de poids du sel donnera le poids de la vapeur d'eau contenue dans la quantité d'air soumise à l'expérience.

Hygromètre à cheveu. — L'*hygromètre à cheveu* ou *de Saussure*, du nom de son inventeur, est fondé sur l'allongement des cheveux par l'humidité.

Choix du cheveu. — Ce n'est qu'un cheveu, il est vrai, mais ce n'est pas un cheveu quelconque. L'allongement varie avec sa nature ou son état, suivant qu'il est noir ou blond, rond ou plat, débarrassé ou non des corps gras qui lui sont propres.

Il faut choisir un cheveu blond, d'une certaine longueur, fin, soyeux, sur une tête saine, et l'agiter dans de l'eau renfermant un peu de soude. Alors il pourra s'allonger d'un centimètre sur cinquante, en passant de l'extrême sécheresse à l'extrême humidité.

Appareil. — Comme l'accroissement de longueur est très-faible, on le verrait à peine sans un petit artifice. *Le cheveu est disposé verticalement, pincé à l'extrémité supérieure, et fixé par l'autre extrémité à une toute petite poulie qui porte une aiguille légère.* La poulie a deux gorges : sur l'une est le cheveu, sur l'autre est fixé un brin de soie qui soutient un léger poids tout juste assez fort pour tendre le cheveu sans le tirer. Les changements de longueur du cheveu font tourner la poulie et par suite l'aiguille à droite ou à gauche. L'aiguille marche sur un cadran gradué.

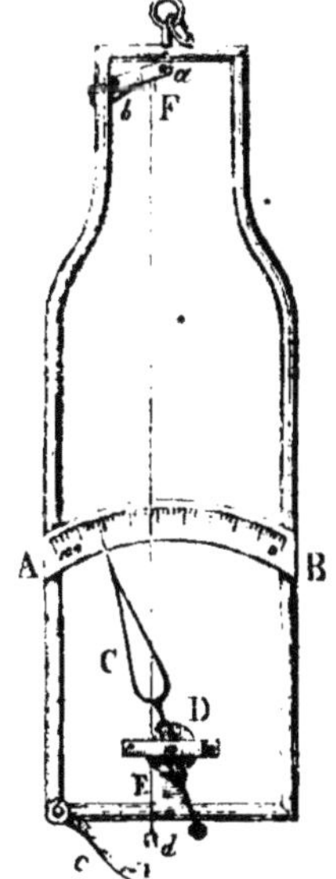

Fig. 20. Hygromètre à cheveu[1].

1. F, extrémité supérieure du cheveu pris dans la pince *ab* ; D, poulie ; C, aiguille ; E, brin de soie ; *d*, poids tenseur ; AB, cadran ; c, appui du poids.

Graduation. — *Deux points fixes limitent la graduation* de l'hygromètre : *l'extrême sécheresse et l'extrême humidité de l'air.* — Pour obtenir le premier de ces points, on met l'appareil sous une cloche avec des substances qui absorbent toute la vapeur d'eau. A mesure que l'air devient plus sec, le cheveu se raccourcit de plus en plus, et enfin il atteint la limite de son raccourcissement. La poulie a tourné entraînant l'aiguille jusqu'à un certain point où l'on met sur le cadran un *zéro : c'est la sécheresse absolue.* — Pour obtenir le second point, on place sous la cloche, dont on a mouillé les parois, une assiette remplie d'eau. L'espace compris sous la cloche se sature, le cheveu s'allonge, la poulie tourne en sens inverse, l'aiguille marche et atteint une position extrême où l'on marque *cent : c'est la saturation.* — Il ne reste qu'à diviser l'intervalle compris entre 0 et 100 en cent parties égales qui sont les degrés de l'hygromètre.

Relation entre les degrés et l'humidité; Tables. — Sans doute, il y a d'autant plus d'humidité dans l'air que le nombre des degrés est plus grand, mais l'expérience nous enseigne qu'il n'y en a pas à 20° deux fois plus qu'à 10°, ni à 30°, trois fois plus. En un mot, le nombre des degrés n'est pas proportionnel à la quantité d'humidité; on a donc fait des tables qui donnent pour chaque degré de l'hygromètre la quantité de vapeur qui y correspond.

État hygrométrique. — Il ne s'agit pas d'ailleurs de connaître la quantité absolue de vapeur qui se trouve dans l'air, mais bien la quantité relative, c'est-à-dire de savoir s'il y en a la moitié, le tiers, le quart de ce qu'il faudrait pour saturer l'air. La saturation est le point de repère, le maximum pris pour terme de comparaison. Au lieu de dire qu'il y a dans l'air un certain poids de vapeur, on exprime *le rapport de la quantité qui s'y trouve à celle qu'il contiendrait s'il était saturé;* c'est ce rapport qu'on nomme *état hygrométrique* ou état d'humidité de l'air.

Variations de la quantité de vapeur aqueuse de l'atmosphère. — Les indications de l'hygromètre nous éclairent sur le degré d'humidité de l'atmosphère, suivant l'heure, la saison, le lieu et la hauteur.

1°. — *Pendant le jour,* à partir du lever du soleil, *la quantité de vapeur va croissant à la surface de la terre.* L'accroissement continuerait si les courants ascendants qui se produisent dans l'atmosphère n'entraînaient la plus grande partie de ces vapeurs. Mais *vers le soir, la quantité de vapeur augmente dans le voisinage du sol,* et cela s'explique: les courants se ralentissent, puis cessent, et les vapeurs redescendent en attendant qu'elles se déposent sur le sol refroidi.

Sur le bord de la mer, c'est la brise de mer qui amène naturellement les vapeurs, et en quantité de plus en plus grande, jusqu'au moment où elle cesse de souffler.

2°. — *Pendant l'année*, la quantité de vapeur varie; *elle est* naturellement *plus grande en été qu'en hiver;* l'état hygrométrique est, au contraire, plus grand dans cette dernière saison. Ainsi, au mois de janvier, l'humidité absolue est la plus petite de l'année et l'humidité relative la plus grande.

3°. — *Dans les divers lieux, elle* varie avec la température et *augmente à mesure qu'on s'approche de l'Équateur.* — En pleine mer, l'air est à peu près saturé; — à mesure qu'on s'éloigne des côtes et qu'on pénètre dans l'intérieur des terres, la quantité de vapeur diminue; — enfin, dans les déserts, la sécheresse est presque absolue.

4°. — *A diverses hauteurs,* nous savons qu'*il y a d'autant moins de vapeur que la hauteur est plus grande,* mais l'humidité relative peut être le contraire de l'humidité absolue. Le voisinage des mers et des glaciers, la nature des vents régnants, l'exposition des versants, peuvent modifier l'état de sécheresse graduelle qu'on remarque en général dans les régions de plus en plus élevées de l'atmosphère.

5°. — Enfin, *les vents* exercent une influence particulière, suivant qu'ils ont soufflé sur les mers ou sur les continents. « Quand le laboureur veut sécher ses blés ou ses foins, quand la ménagère étend son linge mouillé, leurs désirs sont bientôt remplis si le vent d'est souffle d'une manière continue. » Kaemtz.)

Tous ces faits s'accordent avec les données que l'on possède déjà sur l'évaporation, et confirment, sous une autre forme, ce qui a été dit sur les causes qui la favorisent, c'est-à-dire qu'il y a d'autant plus de vapeurs que la température est plus élevée et que la quantité d'eau est plus grande.

Remarque. — *Jamais sur les continents l'air n'est complètement sec ni complètement humide;* c'est là un fait à signaler dans l'harmonie générale. L'extrême humidité ou l'extrême sécheresse serait également funeste aux animaux ou aux végétaux. L'humidité est-elle grande? les tissus animaux se relâchent; l'évaporation des liquides de la peau n'a pas lieu, nous sommes languissants et abattus, ce qui fait dire que le temps est *lourd*. Le temps est-il trop sec? les feuilles, organes de la respiration végétale, se crispent et se flétrissent, la plante dépérit. D'autre part, notre peau se gerce, parce que l'évaporation y est trop active

Résumé. — Nous pouvons dire maintenant que :

1°. — La vapeur est tantôt visible, tantôt invisible;
2°. — Les substances hygrométriques signalent la présence de la vapeur;
3°. — Les hygromètres sont des appareils propres à montrer ou à mesurer la quantité de vapeur;
4° — L'état hygrométrique est le rapport du poids de vapeur renfermé dans un espace déterminé au poids de vapeur qui saturerait cet espace;
5°. — La quantité de vapeur atmosphérique varie pendant le jour et pendant l'année dans un même lieu, et dans les divers lieux, à diverses hauteurs et selon le vent qui souffle.

IV. — LES NUAGES.

Sommaire. — Vapeur visible ou vésiculaire. — Brouillards et Nuages. — Formation des Brouillards ou des Nuages. — Particularités. — Nuages. — Hauteur des Nuages. — Forme des Nuages : 1° Cumulus; 2° Nimbus; 3° Cirrus; 4° Stratus. — Aspect du ciel; Résumé.

Vapeur visible ou vésiculaire. — La vapeur *visible* est formée de *vésicules* analogues aux bulles de savon, c'est-à-dire de sphères creuses dont une pellicule d'eau forme l'enveloppe. Ces vésicules sont d'une extrême petitesse : leur diamètre est variable, mais ne dépasse guère la 300e partie d'un millimètre. On les voit à l'aide du microscope, en prenant un liquide coloré, du café, par exemple, qu'on chauffe et qu'on expose au soleil ou à une lumière très-vive. Si l'on regarde alors la vapeur qui s'élève, on aperçoit un grand nombre de petits ballons creux. Certains de ces ballons microscopiques crèvent en route comme font les bulles de savon, et retombent en gouttelettes à la surface du liquide.

L'analogie avec les bulles de savon peut être poussée plus loin. On sait que la surface de ces bulles est couverte des plus brillantes irisations : ce sont de petits arcs-en-ciel de couleurs vives et pures que la lumière produit en se jouant et se décomposant dans les pellicules d'eau. Or, les vésicules de vapeur, examinées au microscope, présentent le même phénomène.

Brouillards et Nuages. — On nomme *brouillards* les *nuages* qui touchent le sol; il n'y a pas d'autre différence entre ces deux phénomènes. Ainsi, le voyageur qui s'élève au sommet d'une haute montagne, se plaint que le brouillard lui dérobe la vue, tandis que, pour l'habitant des plaines, le sommet de la même montagne est enveloppé de nuages.

Formation des Brouillards ou des Nuages. — Pour nous rendre compte du mode de formation des nuages, examinons les circonstances dans lesquelles ils se produisent. Observons d'abord que les villes situées *au bord de la mer* ou *des cours d'eau*, comme Londres, Lyon, Bordeaux, sont souvent enveloppées d'épais brouillards. Il y a là, en effet, une cause permanente de production de vapeurs. L'air en est fréquemment saturé, et lorsqu'il arrive de nouvelle vapeur dans cet air saturé, le brouillard se forme. D'autre part, les régions froides voisines de Terre-Neuve, où le Gulf-Stream apporte de l'équateur des *vapeurs chaudes* en abondance, sont noyées dans des brouillards permanents. — On voit par là que la vapeur naissante sortant de l'eau tiède et rencontrant de l'air froid subit un commencement de condensation et forme un brouillard.

De petits faits d'une observation facile et fréquente confirment ce que nous venons de dire :

On sait que l'air expiré pendant la respiration entraîne de la vapeur d'eau qui, *par les temps froids,* forme un petit brouillard en sortant de la bouche. — La *vapeur que laisse échapper la locomotive dure fort peu* et ne s'étend pas *par un temps sec,* mais si le temps est humide le brouillard persistera un certain temps et s'étendra sur un plus grand espace.

Enfin, dans les déserts, il n'y a jamais de brouillards.

De tout ce qui précède, on peut conclure que le brouillard se produit : 1° *lorsqu'il arrive de nouvelle vapeur dans un air déjà saturé de vapeur;* 2° *lorsque l'air est plus froid que l'eau avec laquelle il se trouve en contact.*

Particularités. — Plus un brouillard est épais et condensé, plus il intercepte le passage de la lumière ; il ne permet plus d'apercevoir les objets qu'à de petites distances, et même produit parfois l'effet de la nuit. « Le 24 février 1832, le brouillard était tellement épais à Londres, qu'on ne voyait pas clair à midi dans les rues ; et le soir, la ville ayant été illuminée en réjouissance du jour de naissance de la reine, les gamins se promenaient dans la ville avec des torches en disant qu'ils étaient à la recherche de l'illumination. »

Dans les grandes villes comme Londres et Paris, le brouillard, en se formant, enferme la fumée et toutes les émanations diverses des grandes agglomérations humaines. On s'explique par là l'odeur, la couleur de certains brouillards, leur mauvaise influence sur la santé, etc.

Nuages. — On voit souvent les brouillards fixés sur le versant des collines ou stationnant au-dessus des eaux où ils ont pris naissance. Ils restent là adhérant aux eaux ou au sol jusqu'à ce qu'un courant d'air ascendant les emporte. Le brouillard devient alors *nuage.*

Hauteur des Nuages. — La hauteur des nuages varie entre des limites assez étendues, depuis le sol jusqu'à trois lieues environ. Le plus grand nombre est assez rapproché et ne dépasse guère trois kilomètres. Ils descendent à mesure que la pluie est plus prochaine.

Forme des Nuages. — La forme des nuages nous renseigne sur l'état de l'atmosphère et sur la nature des vents qui y règnent. Il y a donc plus qu'un simple intérêt de curiosité à examiner et à classer les nuages d'après leur aspect. Ces formes ont fait donner aux nuages les noms de *cumulus,* de *nimbus,* de *cirrus* et de *stratus.*

1° *Cumulus.* — Les *cumulus sont des nuages arrondis d'une blancheur éclatante,* ressortant sur le fond bleu du ciel, et auxquels on a donné le nom caractéristique de *balles de coton.*

On s'explique leur formation en observant la fumée qui s'élève des hautes cheminées par une journée calme : elle monte verticalement par bouffées arrondies qui vont grossissant de plus en plus. De même, la vapeur vésiculaire se rassemble en boule; les courants d'air l'enlèvent et l'entraînent vers les hauteurs; sur sa route, elle s'accroît en ramassant les vapeurs répandues sur son passage.

Les cumulus sont les nuages d'été, les compagnons du soleil qui leur donne naissance au commencement du jour, et qu'ils suivent dans sa marche jusqu'à son coucher.

2° *Nimbus.* — Si les cumulus sont nombreux, par suite d'une chaleur très-vive et d'une évaporation très-active, ils s'entassent, se soudent et forment bientôt *une masse compacte, d'un gris uniforme, frangée sur les bords et couvrant une vaste étendue du ciel.* C'est le *nimbus,* le précurseur de la pluie.

Parfois, dans les chaudes journées d'été, la masse des nuages qui forme le nimbus s'épaissit, et, s'assombrissant de plus en plus, passe du gris au noir; elle semble fermenter et recèle la foudre. C'est le *nimbus orageux.*

3° *Cirrus.* — Le *cirrus semble déchiré en lambeaux;* c'est le nuage que les marins nomment *queue de chat* ou *queue de cheval.*

Fig. 21. — Diverses espèces de nuages.

Dans nos contrées, c'est le vent du sud qui amène les cirrus, et, comme ce vent est chaud, il est plus léger que l'air froid dans lequel il pénètre; il souffle donc obliquement de bas en haut, et entraîne les vapeurs dans les plus hautes régions de l'atmosphère, qui sont en même temps les plus froides. Là ces vapeurs se transforment en *particules de glace et constituent le cirrus.*

Le vent soufflant de bas en haut, se fait sentir d'abord dans les hauteurs. Les cirrus annoncent donc le vent qui va souffler à la surface de la terre ; aussi dès qu'on les voit, on peut présumer, sans trop de hardiesse, un changement de temps qui est ordinairement de la pluie.

4° *Stratus.* — Le soleil se couche rarement dans un ciel pur ; *des nuages longs et étroits,* colorés des tons les plus riches et les plus variés, lui forment cortége. Ce sont les *stratus.* Sont-ils de feu, l'air est sec : c'est le prélude du beau temps; sont-ils verts, jaunes, gris, l'air est humide : c'est signe de pluie.

Aspect du ciel; Résumé. — La classification des nuages permet de caractériser la *physionomie du ciel,* et, par une conséquence toute naturelle, de prédire dans une certaine limite les changements de temps. Ainsi se trouvent justifiés par la science les dictons du laboureur.

Les nuages, à un moment donné, sont rarement d'une seule espèce; on voit des cumulus avec des cirrus ou avec des stratus : on les désigne sous les noms de cirro-cumulus, cumulo-stratus, etc. Les cirro-cumulus correspondent au *ciel pommelé,* qui, on le sait, *est de courte durée.*

En résumé on peut dire, avec la réserve que commandent des renseignements incomplets, que :

1°. — Les petits cumulus (balles de coton), peu nombreux, annoncent un temps calme et de belles journées;

2°. — Les cumulus abondants, passant au nimbus, sont les précurseurs de la pluie ou de l'orage

3°. — Les cirrus (queue de chat) permettent de prévoir le vent qui va souffler, et généralement la pluie, assez longtemps à l'avance;

4°. — Les stratus rouges présagent un temps sec; les autres un temps pluvieux;

Plus généralement, les nuages à contours arrondis annoncent le calme, ceux dont les bords sont déchirés et qui sont épars, l'agitation dans les couches atmosphériques où ils se trouvent.

L'EAU A L'ÉTAT LIQUIDE.

V. — LA ROSÉE.

SOMMAIRE. — Serein. — Rosée. — La Rosée n'est pas une pluie. — Causes qui influent sur le dépôt de la Rosée : 1° État du ciel; 2° Abris; 3° Couleur et surface des corps; 4° État hygrométrique; 5° Agitation de l'air. Résumé. — Nature de la Rosée. — Rosée dans les pays chauds. Gelée blanche, Givre. — Rosée et Gelée blanche de jour.

Serein. — Le soleil est à peine couché que l'air se refroidit et qu'une partie de la vapeur aqueuse qu'il renferme se condense presque subitement. *Tous les objets terrestres indistinctement sont recouverts d'humidité,* comme par l'effet d'une pluie; tel est le *serein.* C'est une pluie sans nuage qui tombe tout à coup et naturellement lorsque l'air renferme beaucoup de vapeur et qu'il se refroidit. Le serein ne saurait donc être confondu avec la rosée, qui ne tombe pas comme une pluie, mais se dépose peu à peu sur les corps terrestres en quantité variable selon les corps, ainsi qu'on va le voir.

Rosée. — *La rosée consiste dans ces nombreuses gouttes d'eau répandues sur les objets terrestres au lever du soleil.* Des faits familiers nous en mettent sous les yeux la formation. Lorsqu'on apporte une carafe d'eau fraîche dans un endroit où sont rassemblées un grand nombre de personnes, la carafe se recouvre d'une mince couche d'eau. Le même fait se produit en hiver sur les vitres, sur les verres de lunettes, en un mot sur tous les corps froids. C'est la condensation de la vapeur aqueuse répandue dans l'air.

Considérons maintenant le sol terrestre au lieu de la carafe. A peine le soleil est-il couché que la terre, qui s'est déjà refroidie dans la seconde moitié de la journée, continue à se refroidir, mais plus rapidement. Elle rayonne dans l'espace la chaleur qu'elle a reçue pendant la journée. La couche d'air qui la touche se refroidit en même temps et dépose une partie de sa vapeur sur le sol. La vapeur de la couche supérieure se répand aussitôt dans la couche placée au-dessous, et de là vient se déposer sur le sol. Pendant toute la nuit le dépôt se forme jusque peu après le lever du soleil. Des myriades de gouttes d'une grande limpidité couvrent alors les herbes et les fleurs.

La Rosée n'est pas une pluie. — La rosée et la pluie sont des phénomènes distincts. Si l'on pouvait encore en douter, il suffirait d'observer : 1° que la rosée est surtout abondante par les nuits sereines; 2° qu'elle ne se dépose pas indifféremment ni également sur tous les corps.

Causes qui influent sur le dépôt de la Rosée. — L'examen des causes qui favorisent ou gênent la formation de la rosée achèvera de prouver que la rosée est bien due à un dépôt de la vapeur d'eau contenue dans l'air sur la terre refroidie.

1° *État du ciel.* — On remarque que *la rosée se dépose en grande quantité pendant les nuits sereines,* qui sont les plus froides. En effet les nuages sont de véritables réflecteurs qui renvoient vers la terre la chaleur qu'ils en reçoivent, et diminuent par là les effets du rayonnement nocturne.

Au printemps et à l'automne, la différence de température entre le jour et la nuit est plus grande qu'en été et en hiver. Il en résulte que les rosées sont plus abondantes à ces deux époques de l'année.

2° *Abris.* — Les *abris* jouent le même rôle que les nuages. Au pied d'un arbre ou d'un mur, il fait moins froid qu'à une certaine distance de l'arbre ou du mur. En rase campagne, le froid de la nuit est plus vif que dans les bois ou dans les villes. Il est donc naturel *qu'il y ait d'autant plus de rosée en un lieu qu'il est moins abrité.*

3° *Couleur et surface des corps.* — Tous les corps n'absorbent pas la chaleur avec une égale facilité, tous ne perdent pas non plus également celle qu'ils possèdent. Cela dépend *de la nature de leur surface et de leur couleur* [1].

Ainsi *les corps laissent échapper leur chaleur d'autant plus vite que leur couleur est plus sombre et leur surface plus rugueuse.* Or, l'abondance de la rosée sur les corps s'accorde précisément avec leur refroidissement relatif. Tandis que les champs d'un vert foncé sont couverts de rosée, la route blanche est à peine humide.

4° *État hygrométrique.* — *Plus l'air est chargé de vapeur*

1. Les cafetières, les théières, etc., dans lesquelles on veut conserver chaud le liquide renfermé, sont faites d'un corps brillant et d'une couleur claire. Les poêles de faïence donnent une chaleur douce, parce qu'elle se perd lentement, tandis que les poêles de fonte chauffent fortement et rapidement. Les ustensiles et les vases de porcelaine blanche ou d'argent poli conservent la chaleur des mets.

plus la rosée est abondante. Aussi, sur les côtes, remarque-t-on de fortes rosées, et dans les déserts, des rosées peu sensibles ou nulles.

5° *Agitation de l'air.* — Un faible mouvement dans les couches d'air les amenant toutes successivement au contact des corps froids, elles abandonneront une plus grande partie de la vapeur, tandis qu'une agitation assez grande réchauffera les couches d'air par le frottement et favorisera l'évaporation de la rosée à peine déposée.

Résumé. — Concluons que les causes qui favorisent le dépôt de la rosée sont :

1°. — La pureté du ciel;
2°. — L'absence d'abris;
3°. — Les surfaces rugueuses et sombres;
4°. — L'abondance d'humidité dans l'air;
5°. — Une faible agitation de l'air.

Nature de la Rosée. — La rosée est à très-peu près de l'eau pure au moment où elle se forme, mais elle peut dissoudre certaines substances sur les végétaux, entre autres des sécrétions d'insectes. Dans ce cas elle est nuisible aux végétaux et aux animaux herbivores. On cite des épizooties dues à cette cause.

Rosée dans les pays chauds. — Dans les régions équatoriales, les circonstances sont essentiellement propres à la production de la rosée. A des journées d'une chaleur très-grande, et pendant lesquelles l'évaporation est naturellement très-active, succèdent des nuits calmes et sereines, et par conséquent d'un froid très-vif. Aussi, dans certains pays, comme le Pérou, où il ne pleut pas, la rosée est assez abondante pour maintenir le sol dans l'état d'humidité nécessaire à la végétation.

Gelée blanche, Givre. — Si la température du sol s'abaisse au-dessous de zéro, non-seulement la vapeur se condensera, mais les gouttelettes microscopiques se congèleront. Ce sont *ces cristaux de glace, cette rosée gelée, qu'on nomme gelée blanche ou givre.* C'est une véritable poussière cristalline d'une blancheur éclatante. La formation de la gelée blanche ne diffère donc de celle de la rosée que par un degré d'intensité de plus dans le refroidissement.

Rosée et Gelée blanche de jour. — Lorsque après des journées d'hiver très-froides, survient le vent du sud humide et chaud, la vapeur transportée par ce vent arrive au contact des corps froids : aussitôt les murs se recouvrent d'une couche d'eau quelquefois si abondante qu'on la voit ruisseler. Si les murs sont assez froids, la vapeur s'y dépose à l'état de gelée blanche qui semble effleurir. L'analogie que présente ce phénomène avec la rosée et la gelée blanche nous l'a fait ranger à la suite sous la dénomination de *Rosée et Gelée blanche de jour.*

VI. — LA PLUIE.

Sommaire. — Formation de la Pluie. — Mesure de la quantité de Pluie; Pluviomètre. — Quantité moyenne de Pluie. — Pluies exceptionnelles. — Variation de la quantité de Pluie : 1° Hauteur; 2° Région; 3° Saisons; 4° Voisinage des mers; 5° Vents. — Résumé. — Rôle de la Pluie.

Formation de la Pluie. — On se rappelle que les nuages sont d'immenses amas de vapeur à l'état vésiculaire tenus en suspension dans l'air. Lorsque le lieu où ils se trouvent est saturé de vapeur, les vésicules se rompent et la *pluie* tombe. L'expérience familière de la bulle de savon met ce phénomène sous nos yeux. Nous voyons de même la bulle, arrivée à une certaine hauteur, crever et produire une goutte d'eau. Seulement, les vésicules du nuage, semblables à la bulle de savon mais en infiniment petit, ne produisent en crevant que des gouttelettes microscopiques, dont il faut un grand nombre pour former une goutte de la pluie la plus fine.

La grosseur des gouttes dépend du nombre des gouttelettes rassemblées et de la rencontre des gouttes elles-mêmes pendant leur chute. Aussi la pluie fine et serrée tombe-t-elle par un temps calme. Les pluies d'orage, au contraire, donnent de larges gouttes espacées. Les effets des pluies varient suivant qu'elles sont plus ou moins abondantes; il est donc intéressant de mesurer la quantité de pluie qui tombe.

Mesure de la quantité de Pluie; Pluviomètre. — On comprend difficilement, au premier abord, ce qu'on peut entendre par la *quantité de pluie*, car il ne s'agit pas évidemment de rassembler toute l'eau tombée en un même lieu pour la mesurer avec les mesures à liquide ordinaires. Les eaux de pluie coulent sur toutes les pentes où elles tombent, et se rassemblent dans les points les plus bas; elles vont ainsi des ruisseaux au cours d'eau le plus voisin. Mais si le sol qui reçoit la pluie n'offrait pas d'inégalités, s'il n'y avait ni cavités ni éminences, et si, de plus, il était horizontal, les eaux resteraient sur ce plateau et y formeraient une couche d'une profondeur uniforme. *On estime la quantité de pluie tombée en un lieu par la hauteur de la couche d'eau formée sur le sol* dans ces conditions supposees.

Il serait difficile, pour ne pas dire impossible, de réaliser ces conditions, mais elles ne sont pas nécessaires. Que l'on sache ce qu'il tombe d'eau sur un espace déterminé, fût-il grand comme la main, cela suffit, pourvu que sur cet espace on retienne et on empêche de s'écouler ou de s'évaporer toute l'eau qui y tombe.

Fig. 22. — Pluviomètre.

L'appareil qui sert à mesurer la quantité de pluie se nomme pluviomètre. Il consiste en un vase métallique de forme cylindrique. Un tube de verre vertical placé contre le vase se recourbe vers le bas et communique avec lui. L'eau s'élève ainsi dans le vase et dans le tube à la même hauteur. Il suffit donc de mesurer la hauteur de l'eau dans le tube pour avoir celle de l'eau du vase. Le vase doit être ouvert pour recevoir l'eau; mais pour éviter autant que possible l'évaporation, le dessus est fait en forme d'entonnoir. Il n'y a donc qu'un trou pour le passage de l'eau, et la pente des parois de l'entonnoir ne lui permet pas de séjourner sur la partie supérieure.

Quantité moyenne de Pluie. — Le pluviomètre donne après chaque pluie la hauteur d'eau tombée; on peut donc, en faisant la somme de ces hauteurs, connaître ce qu'il en tombe par saison ou par année, et comparer ainsi les quantités de pluie des divers pays. Mais en ne faisant d'observation que sur une année, on s'exposerait à avoir une année très-pluvieuse dans un pays généralement sec ou inversement. *On divise la quantité de pluie tombée pendant un certain nombre d'années par le nombre des années :* on a ainsi *la quantité moyenne annuelle de pluie.* Supposons, par exemple, qu'en dix ans il tombe 5 mètres d'eau à Paris; en divisant ce nombre par dix, on aura 5 décimètres de pluie annuelle moyenne. De cette façon, on répartit la quantité de pluie d'une manière uniforme, et les années pluvieuses compensent les annees sèches. Naturellement la répartition sera d'autant mieux faite qu'on opérera sur un plus grand nombre d'annees.

On a pu ainsi constater que *la quantité moyenne de pluie est sensiblement la même dans un même lieu pour des périodes différentes*. A Paris, pour la période de 1805 à 1822, la quantité moyenne a été de 51 centimètres environ ; de 1817 à 1838, elle est de 57 centimètres dans la cour de l'Observatoire, et de 50 centimètres sur la terrasse.

La moyenne annuelle n'est pas la seule dont on doit se préoccuper ; celles des mois ou plutôt de certaines périodes pendant lesquelles germent ou se développent certaines plantes ne sont pas moins importantes. On peut ainsi se rendre compte des effets produits par un excès de pluie et chercher à y parer par des moyens indirects.

C'est ici le lieu de parler d'un préjugé assez répandu : à la suite de mois très-pluvieux, on s'imagine aisément qu'une modification s'est produite dans le climat. Or, la quantité moyenne de pluie est très-propre à nous éclairer sur ce point. Lorsqu'au mois d'avril 1837, Arago voulut calmer les inquiétudes causées par ces bruits mal fondés, il montra, à l'aide des registres de l'Observatoire, que la quantité de pluie du mois d'avril 1837 était inférieure à celle des quatre années antérieures, et qu'il en était de même du nombre des jours de pluie.

Il est probable que dans l'avenir on reconnaîtra que la quantité de pluie annuelle pour tout le globe est invariable. Et, en effet, le soleil ne peut donner beaucoup de chaleur en un point de la mer sans qu'aussitôt, en ce point, il ne se forme des vapeurs qui s'élèvent et arrêtent ses rayons ; et, si c'est en un point des continents, sans qu'il s'y produise une aspiration qui appelle les vapeurs des lieux environnants. Les nuages n'arrêtent le soleil qu'un instant, bientôt ils se résolvent en pluie, et les rayons solaires arrivent de nouveau pour former de nouvelles vapeurs. Il semble donc tout naturel qu'il n'y ait de variations dans la quantité de pluie que pour de petites étendues du sol. Lorsqu'on observe la loi générale, l'ensemble des phénomènes, on aperçoit l'ordre et l'harmonie qui semblent troublés du moment qu'on ne considère que des points isolés. Il peut donc tomber une quantité d'eau invariable chaque année sur la terre entière, tandis qu'il en tombera des quantités variables sur Paris.

Pluies exceptionnelles. — La quantité d'eau qui tombe dans une averse est très-variable. Aussi ne voulons-nous signaler que les averses remarquables par l'énorme volume d'eau tombé. Dans le voisinage de l'Équateur surtout, les pluies sont torrentielles.

Humboldt cite un grand nombre de pluies sur les bords du

Rio-Negro, d'une durée de cinq heures, et fournissant chaque fois 5 centimètres d'eau.

A Bombay, il est tombé,	en un jour,	16 centimètres d'eau.	
A Cayenne,	—	en 10 heures, 28	—
A Genève,	—	en 3 heures, 16	—

Enfin, la plus considérable est celle qui tomba à Gênes, le 25 octobre 1822, et qui atteignit l'énorme chiffre de 81 centimètres [1].

Variations de la quantité de Pluie. — Les renseignements fournis par le pluviomètre montrent que la quantité de pluie varie, pour un même lieu, suivant la hauteur et la saison; pour des lieux différents, suivant la latitude et le voisinage des mers. Nous allons examiner successivement ces diverses influences.

1° *Hauteur.* — Pour une même pluie, le pluviomètre indique une quantité d'eau plus grande sur le sol qu'à une certaine hauteur. On a constaté ce fait à l'aide des deux pluviomètres de l'Observatoire, dont l'un est sur la terrasse et l'autre au pied de l'édifice. Cette augmentation provient sans doute de la vapeur d'eau répandue dans la couche qui avoisine le sol, et qui est condensée au passage par les gouttes de pluie. On peut encore admettre que le vent ramasse la pluie en un tas à la façon de la neige.

2° *Région.* — Les alternatives de pluie et de beau temps sont plus ou moins fréquentes suivant la région. Tandis qu'entre les Tropiques on remarque une certaine régularité dans les périodes pluvieuses et sèches, dans nos contrées, au contraire, il pleut à des époques variables et plus ou moins abondamment. Par exemple, *un beau temps éternel règne dans la région des alizés.* — Les vents du nord-est, qui soufflent dans nos contrées et y amènent le beau temps sont en quelque sorte la continuation des alizés. — Au contraire, *des pluies torrentielles inondent la région des calmes de l'Équateur*, où l'évaporation se produit sur de vastes surfaces et sous l'influence des plus ardents rayons du soleil.

Toujours entre les Tropiques, mais *sur les continents, l'année se divise en deux parties, l'une pluvieuse et l'autre sèche.* Et, en effet, si la terre est vivement échauffée, les nuages ne s'y arrêtent pas, ils s'élèvent en passant au-dessus et vont se résoudre en pluies au-delà, à moins qu'une chaîne infranchissable

1. Pour se faire une idée de la quantité d'eau que ces chiffres représentent, il suffit d'observer qu'*un millimètre* d'eau représente *un litre par mètre carré*,

ne les condense en neige sur sa crête. Si, au contraire, la terre n'est pas suffisamment chaude, les nuages ne sont pas entraînés par les courants ascendants et se résolvent en pluie.

A une certaine distance de l'Équateur, on ne trouve plus cette division de l'année en deux saisons, l'une sèche et l'autre pluvieuse. *Les alternatives de temps serein et de pluie sont plus fréquentes et les pluies moins abondantes.*

3° *Saisons.* — L'influence de la saison se fait sentir d'une manière différente suivant le pays. On peut dire qu'*en Europe, 1° il tombe, au printemps, le cinquième de la pluie annuelle; 2° dans l'Europe occidentale, l'automne est la saison particulièrement pluvieuse; dans l'Europe orientale, c'est l'été.* C'est dans la France orientale qu'il y a sensiblement égalité entre les quantités de pluie tombées en été et en automne.

4° *Voisinage des mers.* — *Plus on s'éloigne de la mer, moins il tombe de pluie.* A mesure que les nuages s'avancent dans les terres, ils se résolvent en pluies sur les pays qu'ils traversent; ils ne sauraient d'ailleurs se renouveler par l'insuffisante évaporation des fleuves. Aussi, tandis que,

Sur les côtes de France, la quantité de pluie est de	68	cent.
Elle est, dans l'intérieur, de.	65	—
En Allemagne, de.	54	—

Ce n'est pas seulement la quantité de pluie qui est plus grande, mais le nombre des jours de pluie.

Dans la France occidentale, il y a, en moyenne,	152	j. de pluie;
Dans la France intérieure.	147	—
Dans les plaines de l'Allemagne.	141	—

5° *Vents.* — On sait les modifications qu'apportent les vents dans l'état de l'atmosphère selon la direction dans laquelle ils soufflent, il est bon de le rappeler ici pour compléter l'ensemble des causes qui influent sur la quantité de pluie. On peut admettre pour chaque contrée des *vents pluvieux et des vents secs.* Les premiers *sont*, naturellement, *ceux qui soufflent de la mer, et, plus particulièrement, quand ils viennent des régions plus chaudes.*

Sur la mer, ils se chargent de vapeurs et en prennent d'autant plus que leur température est plus élevée. En France, par exemple, les vents du sud viennent de la Méditerranée et ont une température élevée : ce sont des vents pluvieux. Il en est à peu près de même des vents d'ouest. Ceux de nord-ouest le sont un peu moins, parce qu'ils sont plus froids, et ceux du nord le sont moins encore. Les vents du nord-est et de l'est ont soufflé sur les terres et viennent de régions froides : ce sont des vents qu'on peut appeler *secs*.

Sans doute, il peut pleuvoir par tous les vents, mais il pleut incomparablement plus et plus longtemps quand soufflent les vents pluvieux. De plus, on peut observer que *les vents pluvieux et chauds apportent leur vapeur* dans les régions plus froides; ils vont au-devant de la condensation, tandis que les vents secs et froids viennent condenser les vapeurs qui se trouvent déjà au lieu où ils vont : c'est le condenseur qui va ici surprendre la vapeur.

Résumé. — De tout ce que nous venons de dire, il résulte que la quantité de pluie est d'autant plus grande que :

1°. — Le lieu est plus bas;
2°. — Le lieu est plus près de l'Équateur;
3°. — La saison est l'été ou l'automne;
4°. — Le lieu est plus près de la mer;
5°. — Le vent souffle plus du sud et de la mer.

Rôle de la Pluie. — Voyez l'herbe pousser, les prés fleurir, le grain germer : c'est l'œuvre de la pluie. Elle s'infiltre dans le sol qu'elle fragmente, elle y dissout les minéraux dont les plantes se nourrissent, et vient imbiber leurs racines. Après avoir pénétré dans le sol, et lorsqu'elle atteint les couches d'argile qu'elle ne peut traverser, ses eaux s'accumulent et filtrant par les fissures du sol donnent naissance aux sources. — D'autres fois, coulant entre deux couches d'argile qui forment une sorte de tuyau souterrain, elles seront le réservoir de la fontaine jaillissante ou du puits artésien. — C'est la pluie qui rabat la poussière qui vole dans l'air; c'est encore elle qui rafraîchit la terre et l'air embrasés par le soleil d'été. — C'est elle enfin qui entraîne, dissout et fixe sur le sol les gaz délétères, les miasmes malfaisants suspendus dans l'atmosphère.

« Voyez-vous ces nuages qui volent comme sur les ailes des vents? S'ils tombaient tout à coup par de grosses colonnes d'eau, rapides comme des torrents, ils submergeraient et détruiraient tout dans l'endroit de leur chute, et le reste des terres demeurerait aride. Quelle main les tient dans ces réservoirs suspendus et ne leur permet de tomber que goutte à goutte, comme si on les distillait par un arrosoir?... Peut-on imaginer des mesures mieux prises pour rendre tous les pays fertiles. » (Fénelon, *Traité de l'existence de Dieu.*)

VII. — LES EAUX.

SOMMAIRE. — Les Eaux. — Sources ordinaires. — Sources thermales ou minérales; Puits artésiens. — La Mer; Étendue, Profondeur, etc. — Composition de l'eau de Mer. — Phénomènes de la Mer. — Couleur de la Mer. — Phosphorescence de la Mer. — Raz de Marée. — Les courants de la Mer. — Courants divers. — Courants de surface, Courants de fond. — Comment on les constate. — Causes des courants : 1° Influence de l'inégale répartition des terres et des eaux; 2° Influence des contours; 3° Influence du fond des mers; 4° Influence du mouvement de rotation de la terre. — Résumé. — Le Gulf-Stream; Source, Direction, Vitesse, etc. — Effets.

Les Eaux. — Lorsqu'on jette les yeux sur une carte géographique, on remarque une vaste étendue du globe couverte par les eaux de la mer, et, dans l'intérieur des terres, des cours d'eau d'étendue très-variable, mais qui représentent des volumes d'eau très-faibles relativement aux eaux marines. Ces cours d'eau descendent les pentes des continents, tantôt étroits, rapides et bouillonnants, dans des lits resserrés sur des pentes abruptes, tantôt larges, lents et calmes, étalant leurs eaux dans les plaines. Tous ils courent vers la mer.

Si, par la pensée, nous pénétrons dans l'intérieur du sol, là aussi nous trouvons des cours d'eau et des nappes dormantes, analogues aux lacs de la surface. Les eaux pluviales ont filtré à travers les terres jusqu'aux couches dites imperméables qu'elles ne peuvent traverser; elles y séjournent jusqu'à ce qu'une issue naturelle ou artificielle se présente.

Nous allons successivement examiner les eaux diverses du globe, tant celles qui sont à sa surface que celles qui coulent dans son sein.

Sources ordinaires. — Les *sources ordinaires* proviennent d'eaux pluviales qui n'ont pas pénétré profondément dans le sol. Leur température n'est pas élevée et elles dissolvent peu des substances qui forment leur lit. Ce sont des sources de cette nature qui alimentent la plupart de nos puits domestiques. L'eau en est généralement d'une grande limpidité, qualité qu'il faut se garder de confondre avec la pureté, car l'eau peut contenir des substances en dissolution sans cesser d'être limpide.

Sources thermales ou minérales; Puits artésiens. — Les

sources thermales ou *d'eau chaude* proviennent des profondeurs du sol. On verra plus loin que la température s'élève de plus en plus à mesure qu'on pénètre plus avant dans la croûte terrestre. Il en résulte que l'eau des sources est d'autant plus chaude qu'elle vient d'un lieu plus profond. Ainsi, le puits de Grenelle, d'une profondeur de 548 mètres, fournit de l'eau à la température de 27 degrés. Les eaux de *Chaudes-Aigues* et des *Geysers* d'Islande sont bouillantes.

La température de ces sources leur permet de dissoudre une assez grande quantité des substances minérales sur lesquelles elles séjournent; aussi les nomme-t-on *eaux minérales*. Les substances dissoutes sont variées; la quantité dissoute dépend du degré de chaleur.

Au lieu d'une seule couche imperméable sur laquelle coulent les eaux souterraines, il s'en trouve quelquefois deux sensiblement parallèles entre lesquelles il y a une couche perméable, du gravier, par exemple. Si celle-ci contient de l'eau, on comprend que l'eau y sera enfermée comme dans un tuyau.

L'eau arrive dans la couche perméable à l'endroit où les trois couches, après s'être relevées assez haut, finissent par se

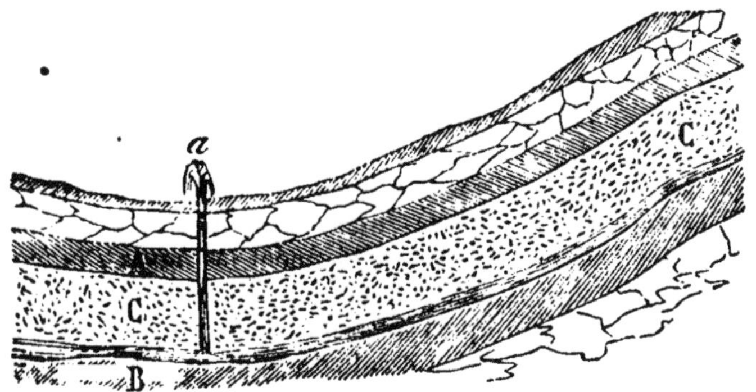

Fig. 23. — Disposition de couches favorable à la formation d'un puits artésien[1].

montrer à la surface de la terre. Là elles reçoivent les eaux de pluie qui filtrent et coulent dans celle du milieu en suivant les pentes. On a donc, à une certaine profondeur, un canal souterrain en pente, et si l'on creuse dans le bas on rencontrera l'eau audessous de la couche imperméable supérieure. Cette eau trouvant

1. A, B, couches imperméables. — C, couche perméable. — *a*, ouverture du puits.

une issue jaillira au dehors jusqu'à la plus grande hauteur qu'elle a dans le canal; c'est alors un jet d'eau naturel. Il y a d'ailleurs des puits artésiens que l'homme n'a pas creusés, comme les fontaines de Vaucluse et de Nîmes, la source du Loiret, etc.

Les issues naturelles des sources peuvent se trouver dans le lit de la mer, aussi bien que sur la terre, comme celle dont parle Humboldt.

« A deux ou trois lieues de la terre, dit-il, des sources d'eau douce sortent du milieu de l'eau salée. Leur éruption se fait avec tant de force, que l'approche de ces lieux fameux est dangereuse pour les petites embarcations, à cause des lames qui sont très-larges et se croisent en clapotant. Les navires côtiers approchent quelquefois de ces sources pour y puiser de l'eau, qui est d'autant plus douce qu'on la puise à une plus grande profondeur. »

La Mer; Etendue, Profondeur. — La mer est la vaste étendue d'eau salée qui recouvre environ les trois quarts de la surface du globe. Dans les nombreux replis qu'elle forme, elle prend les différents noms de mer intérieure, de golfes, de détroits, etc. D'abord, elle a couvert le globe entier, l'enveloppant de toutes parts. C'est dans cet océan sans rivage que les premières îles se sont montrées. Plus tard, ces îles ont été reliées entre elles par de nouveaux soulèvements ou par les dépôts marins; ainsi se sont formés les continents. A mesure que les terres sortaient des eaux, celles-ci se rassemblaient dans des espaces moins étendus en superficie, mais plus profonds. Les mouvements de la croûte terrestre ont, à diverses reprises, déplacé les eaux. Le fond des mers a été terre ferme, les continents ont été recouverts par les eaux, de sorte que le lit des mers ressemble à la surface des terres. Il y a des montagnes qui forment les *hauts-fonds* et les *bancs;* des précipices, des vallées qui forment les *bas-fonds*. Les contours sont identiques aux sinuosités qu'offrent les continents et les plus grandes profondeurs sont du même ordre de grandeur que les plus grandes montagnes terrestres.

Composition de l'Eau de Mer. — *L'eau de mer* renferme surtout du sel ordinaire (chlorure de sodium). Sur 100 kilogrammes d'eau, il y a de 2 à 3 kilogrammes de sel. Mais il s'y trouve, en outre, du chlorure de potassium, du chlorure de magnésium, des sulfates de magnésie et de chaux, des carbonates de magnésie, de chaux et de potasse. La composition varie lorsqu'on passe d'une mer à une autre, mais dans des limites restreintes. On comprend qu'il en soit ainsi : d'abord l'évaporation est plus ou moins rapide, suivant la région; une partie des mers polaires, par exemple, gèle et fond à chaque saison; puis les fleuves ne sont pas également distribués dans les différentes mers; enfin, il y a dans la mer des courants qui portent les eaux plutôt d'un côté que d'un autre; ces causes diverses empêchent le mélange intime des eaux.

Le poids du litre d'eau de mer est de 1kg.025.

Phénomènes de la Mer. — Des phénomènes divers animent la mer et en varient l'aspect. Sa couleur change; dans certains cas sa surface s'illumine d'une lueur phosphorescente. Tandis que les mouvements réguliers des marées[1] en mêlent chaque jour les eaux et que des courants se produisent dans son sein, formant de véritables fleuves, des mouvements irréguliers (*raz de marée*) l'agitent dans ses profondeurs. Nous allons successivement passer en revue ces divers phénomènes.

Couleur de la Mer. — La couleur de la mer est variable; le plus souvent bleue ou verte, elle passe au gris plus ou moins foncé. Est-elle calme et unie? elle réfléchira le ciel en partie, et paraîtra de la couleur du ciel. Est-elle agitée, tumultueuse? elle remue les corps qu'elle tient en suspension, et sa couleur s'assombrit en même temps que sa transparence diminue. — Les hauts-fonds sont visibles à travers la mince couche d'eau qui les recouvre, et leur couleur se mêle à celle des eaux pour la modifier.

1. Les *marées* sont surtout un phénomène astronomique. Il ne convient donc pas d'en faire la description dans le texte. Cependant nous croyons utile d'en dire ici quelques mots pour compléter nos renseignements sur la mer.

Chaque jour, sur le point du globe en regard de la Lune, la mer s'élève, se ramasse, forme une véritable colline avec les eaux qui affluent de toutes parts vers ce point. Tout autour de l'humide colline et au loin, les eaux se sont abaissées ou ont abandonné leurs rivages : c'est le *flux*. La mer s'élance vers la Lune qui l'attire, mais elle est retenue par l'attraction plus puissante de la Terre.

Il se peut que nous ne voyions pas la Lune, que des nuages nous la cachent ou qu'elle soit nouvelle; les eaux toujours dociles, même lorsqu'elle est invisible n'en sont pas moins soumises à sa mystérieuse attraction, et recommencent sans cesse leur ascension impuissante.

La Lune a passé, la montagne humide s'écroule, mais pour aller se reformer plus loin. La mer revient vers les rivages abandonnés auparavant, c'est le *reflux*.

Ce qui se passe sur l'hémisphère terrestre en regard de la Lune se passe également sur l'hémisphère opposé. Pendant que d'un côté la mer s'éloigne du centre de la Terre parce qu'elle est plus près de la Lune et partant plus attirée, sur le point diamétralement opposé la mer est pour ainsi dire laissée en arrière et s'éloigne du centre parce qu'elle est moins attirée. Il y a donc, pour un même lieu, deux flux et deux reflux qui se succèdent sensiblement à six heures d'intervalle, car la Terre présente successivement tous ses points à la Lune pendant les vingt-quatre heures que dure sa rotation.

La Lune n'agit pas seule, le Soleil agit aussi, et les positions relatives de ces astres par rapport à la terre, les distances variables qui nous séparent d'eux, produisent les variations dans l'intensité des marées.

Enfin, les eaux s'élèvent très-diversement, suivant qu'elles peuvent s'étaler librement ou qu'elles sont resserrées dans les détroits.

Les marins peuvent ainsi reconnaître de loin les bancs et les écueils. — Quelquefois certaines plantes ou animalcules microscopiques donnent à certaines époques une couleur particulière à la mer; c'est le cas de la mer Rouge, qui doit sa couleur à une algue microscopique, la Trichodesmie rouge.

Phosphorescence de la Mer. — On sait que parfois, surtout entre les tropiques, la mer s'illumine comme une prairie phosphorescente, et le voyageur, étonné et charmé, croit voir s'agiter à sa surface une immense fourmilière de vers luisants. Partout où l'eau est agitée, sur la crête des vagues, sur le sillage du navire, l'illumination est plus brillante. C'est, en effet, un phénomène analogue à celui que présentent les insectes phosphorescents, comme on va le voir par le récit qui suit :

« Le 27 juillet 1854, à huit heures du soir, dit le capitaine Kingmann, mon attention fut appelée sur la couleur blanchâtre que prenait la mer. Nous remplîmes un vase de cette eau que nous trouvâmes pleine de petites particules lumineuses qui, mises en mouvement, présentaient l'aspect le plus remarquable. Le vase était plein de ces animaux qui, dans l'obscurité et à une assez grande distance, ressemblent à des serpents lumineux. Quelques-uns de ces serpents paraissaient avoir 20 centimètres de long et étaient très-lumineux. Nous en prîmes dans la main et ils restèrent visibles, mais nous étant approchés de la lampe pour les examiner, nous ne vîmes plus rien. A l'aide d'une loupe nous ne vîmes qu'une gelée incolore; enfin nous obtînmes un échantillon de 6 centimètres de long et visible à l'œil nu; il était effilé des deux bouts et de la grosseur d'un cheveu. En l'approchant de la flamme d'une lampe, il brûla avec une lumière rouge et se crispa comme un cheveu. Ce n'étaient pas d'ailleurs les seuls animalcules, il y en avait de ronds et fort petits qui se dilataient et se contractaient.

La tache blanche avait plusieurs lieues de longueur. Le navire, malgré sa grande vitesse, ne faisait aucun bruit. Il n'y avait pas de nuages au ciel, l'horizon était noir comme annonçant un orage. Les étoiles dônnaient une faible lumière, et la voie lactée était entièrement éclipsée par l'éclat de la mer. La scène était pleine de grandeur. » (*Voyage du capitaine Kingmann dans la mer des Indes.*)

Raz de marée. — On nomme ainsi des mouvements violents et subits de la mer qui ressemblent à des convulsions, et auxquels on ne connaît pas encore de causes bien déterminées. Quelquefois la mer se retire de ses rivages, comme pour prendre un élan afin de briser les barrières qui lui sont opposées, comme il arriva à

Callao en 1746 et à Lisbonne en 1755. On eût dit que le fond de la mer s'était abaissé pour se relever aussitôt après.

Le lieutenant Maury décrit ainsi un raz de marée dont il a été témoin en Chine : « J'étais placé sur une terrasse d'où je pouvais embrasser toute la scène. Le flot annonça son arrivée par l'apparence d'un cordon blanc s'étendant d'une rive à l'autre. Il avançait, faisant un grand bruit, avec une rapidité prodigieuse, et offrait l'apparence d'une puissante cataracte se mouvant tout d'une pièce. Bientôt il atteignit l'avant-garde de la flotte. Lorsque ce mur flottant arriva, tous étaient silencieux, attentifs à maintenir l'avant tourné vers cette vague qui semblait vouloir les engloutir. Tous furent portés sains et saufs sur le dos de la vague. Les uns reposaient déjà sur une eau calme, tandis qu'à côté, au milieu d'un tumulte épouvantable, les autres sautaient encore dans cette cascade comme des saumons agiles. Cette grande et émouvante scène ne dura qu'un moment. Le flot courut encore en diminuant de force et de vitesse. Le changement de marée se fit sentir aussitôt après... » (*Maury, Géographie physique de la mer.*)

Les courants de la Mer. — La mer, nous l'avons dit, n'est point une masse d'eau immobile ou seulement agitée périodiquement par la marée et dont la surface est à peine ridée par les vagues. Il s'y trouve de véritables fleuves marins dont les eaux coulent entre des rives liquides; on les nomme *courants de la mer.*

Courants divers. — Entre l'Europe et l'Amérique, règne le *Gulf-Stream* (courant du golfe). Dans le voisinage de l'équateur se trouve le *courant équatorial.* Les Japonais nomment *Kuro-Siwo* (fleuve noir) celui qui coule dans leurs parages, à cause de la couleur bleue foncée de ses eaux comparées avec les eaux environnantes. Entre Madagascar et le continent africain passe le *courant de Mozambique,* le long du Pérou coule le *courant de Humboldt ;* il s'élève jusqu'à l'équateur, où il rafraîchit le climat du Pérou et le rend si agréable.

Courants de surface, Courants de fond. — Ce n'est pas seulement à la surface que se manifestent les courants; il en existe à diverses profondeurs, et il n'est pas rare d'en trouver qui soient superposés et se dirigent en sens contraires.

C'est un courant de fond, venant de l'Océan par Gibraltar, qui répare les pertes que fait la Méditerranée par l'évaporation. Cette mer perd trois fois plus d'eau qu'elle n'en reçoit des fleuves qui se jettent dans son sein, et, sans le courant, elle se dessécherait promptement.

Dans la mer Rouge, où l'évaporation est énorme, et où ni pluie, ni fleuves n'en compensent les pertes, il existe deux courants, un de surface, qui transporte les eaux vers le fond du golfe, un de fond qui les ramène vers l'océan Indien.

Comment on les constate. — Il est assez facile de découvrir les courants de surface; les corps flottants rejetés par la mer nous renseignent sur la route qu'ils ont parcourue; quant aux courants de fond, le hasard les fait quelquefois découvrir, comme il arriva en 1712, à propos d'un navire hollandais qui fut coulé. Peu de jours après, le navire avec sa cargaison d'huile et d'esprits remonta à la surface, quatre lieues plus à l'ouest que l'endroit où il avait coulé : cet événement fortuit prouva l'existence d'un courant inférieur.

Une autre fois c'est l'expérience qui décide : un marin laisse couler un seau avec un boulet et des matériaux offrant beaucoup de surface, et aussitôt son embarcation change de direction : un courant sous-marin entraînait le seau, qui, à son tour, emportait l'embarcation à laquelle il était attaché.

Les habitants des îles Aléoutiennes n'ont d'autres bois de construction que ceux qui sont amenés par les courants de la Chine et du Japon.

Enfin, des bouteilles vides, hermétiquement bouchées, sont jetées à la mer, en divers lieux, à diverses époques. Les courants les entraînent, et l'hydrographe reçoit de ces témoins muets des renseignements sur les routes qu'ils ont suivies.

Causes des courants. — Des causes très-diverses produisent les courants de la mer. Les eaux se déplacent toutes les fois que leur niveau n'est pas le même dans les différents points du globe. Car, sauf quelques faibles masses d'eau isolées comme la mer Caspienne, toutes les parties de la mer communiquent entre elles, et si l'eau est plus haute en un point, une portion se déversera dans les lieux où elle est plus basse; tel est le principe fondamental du déplacement des eaux. Voyons maintenant les causes qui peuvent faire varier ce niveau. La principale est la chaleur solaire. En élevant la température de l'eau sous la zone torride, le soleil la rend plus légère, parce qu'elle se dilate, et y provoque en même temps une évaporation rapide. Le froid des pôles rend l'eau plus lourde en la condensant. On comprend donc qu'il puisse se former un courant général de l'équateur vers les pôles et des pôles vers l'équateur. Le plus froid et le plus lourd au-dessous du plus chaud et du plus léger; le premier coulant du nord au sud, l'autre en sens contraire.

Mais des circonstances diverses influent sur la direction des courants et les modifient.

Les eaux et les terres, on le sait, sont inégalement distribuées à la surface du globe ; les mers occupant une plus grande étendue dans l'hémisphère sud, les courants y sont plus vastes et plus nombreux que dans l'hémisphère nord.

Les continents ont des formes et des contours différents, et naturellement les courants se meuvent parallèlement aux sinuosités des côtes.

Le bassin des mers, avons-nous dit, n'est pas moins accidenté que la surface des continents : on y trouve des pics et des collines, des vallées profondes et de vastes plaines. Il en résulte des modifications dans la direction et dans la vitesse des courants.

Enfin le mouvement de rotation de la terre, que partagent les eaux, a sur la marche des courants une influence analogue à celle qui a été signalée dans la marche des alizes.

Résumé. — On voit qu'il existe une circulation des eaux de la mer, que :

1°. — Des courants la parcourent dans des sens divers;
2°. — Il y a des courants de surface et des courants de fond;
3°. — On les constate par la marche des corps qu'ils entraînent;
4°. — La cause principale est la chaleur solaire;
5°. — Ils sont modifiés dans leur marche et leur direction par l'inégale répartition des terres et des eaux dans les deux hémisphères, les contours des continents, le lit des mers, le mouvement de rotation de la terre.

Le Gulf-Stream; Source, Direction, Vitesse, etc. — Nous ne pouvons étudier tous les courants, et cela n'est pas nécessaire, car ils se ressemblent tous et ne diffèrent que par l'intensité et la variété de leurs effets. Il nous suffira donc de parler de l'un d'eux, et naturellement nous choisissons le plus connu et le mieux étudié, le *Gulf-Stream*.

« Il est un fleuve au sein des mers, dit Maury; dans les plus grandes sécheresses, jamais il ne tarit; dans les plus grandes crues, jamais il ne déborde. Ses rives et son lit sont des couches d'eau froide entre lesquelles coulent à flots pressés ses eaux tièdes et bleues. Plus majestueux que le Mississipi, plus impétueux que l'Amazone, le volume de ses eaux est mille fois plus grand que celui de ces fleuves réunis. » (Maury, *Phénomènes de la mer.*)

Le Gulf-Stream prend sa source dans le golfe du Mexique, sort par le détroit de la Floride, coule vers le nord, longeant la côte d'Amérique jusque sur les bancs de Terre-Neuve. Il se divise alors en plusieurs branches, dont les unes se dirigent vers la mer polaire et dont la principale revient au sud, le long de la côte occidentale de l'Europe et de l'Afrique, pour retourner dans le voisinage de l'équateur, à son point de départ.

Il entoure ainsi une portion de l'Atlantique, qui devient le rendez-vous de toutes les épaves, de tous les débris de la tempête, ainsi qu'on voit dans un bassin où les eaux tourbillonnent se rassembler au centre tous les corps qui flottent à la surface. C'est la *prairie de la mer* de Christophe Colomb, la *mer des Sargasses,* immense banc de plantes marines (*fucus natans*).

Un nombre immense de petits animaux marins habitent ces masses toujours verdoyantes, transportés çà et là par les brises tièdes qui soufflent dans ces parages.

La largeur du Gulf-Stream, à la source, est de quatorze lieues; à son embouchure vers le nord, elle est de mille. Sa vitesse est de deux lieues à l'heure. Sa profondeur, d'abord de 300 mètres, atteint jusqu'à un kilomètre. Sa température est de 30 degrés; il la conserve sensiblement jusqu'à son embouchure, malgré le froid de ses rives liquides. Son niveau est plus élevé que celui des eaux environnantes et ses eaux se déversent pour ainsi dire sur ses rives.

Effets. — Les effets de tous les courants sont, avons-nous dit, les mêmes; observons donc seulement ceux du Gulf-Stream. Ce courant porte ses eaux tièdes vers le nord et l'occident de l'Europe. Au-dessus de ses eaux, l'atmosphère est réchauffée, et deux courants superposés, l'un d'eau, l'autre d'air, tempèrent le froid des contrées vers lesquelles ils se dirigent. Aussi un contraste frappant existe entre les côtes orientales et occidentales. Tandis qu'en Norwége et aux îles Shetland les premières sont couvertes de frimas, les autres sont parées des plantes des tropiques; les germes sont apportés par le bienfaisant courant et se développent au sein de l'atmosphère attiédie qu'il entraîne. Le Gulf-Stream fait à lui seul les frais d'une vaste serre chaude : il apporte les graines et la chaleur.

Dans ses eaux tièdes, il retient en suspension des myriades d'animalcules microscopiques, qui cheminent en légions innombrables, emportés par les flots du courant; mais lorsque le fleuve arrive au terme de sa course, le contact des eaux glacées du pôle porte la mort dans les rangs de cette multitude sous-marine qui tombe au fond de la mer. De même, lorsque la neige tombe fine et serrée par un temps calme, on n'aperçoit rien avant un temps assez long, puis on dirait un léger voile à demi-transparent qui couvre le sol : on voit encore les ondulations du sol et ses teintes variées. Mais la neige tombe toujours, et bientôt tout est uniforme : plus d'accidents du sol, plus de distinction entre la prairie et la route. La couche toujours s'épaissit, et on reste frappé des effets puissants que produit une cause faible mais persistante. Ainsi la neige d'animalcules s'accumule depuis des milliers d'années et forme des couches épaisses que les sondages ont fait reconnaître.

En même temps les glaces détachées du pôle, emportant d'énormes fragments de roches arrachés au sol, entraînées par les courants venant des pôles, viennent fondre à la rencontre des eaux chaudes du Gulf-Stream. La glace fond, les roches tombent et s'enfouissent dans les débris des animalcules. Ainsi se sont formés et s'agrandissent les bancs de Terre-Neuve.

La lutte des eaux chaudes du Gulf-Stream et des courants du nord se reproduit à la surface entre les courants d'air chaud et d'air froid qu'entraînent ces courants. Il en résulte de violentes tempêtes, de ces ouragans dont nous avons décrit les effets et montré la puissance.

Rien ne frappe plus le navigateur que les changements brusques de température qu'on remarque dans le voisinage du Gulf-Stream. « Les navires qui arrivent d'Europe, dit le lieutenant Jullien, sont assaillis au nord des États-Unis par des froids rigoureux et par des bourrasques de neige contre lesquelles toute la science et toute l'énergie des hommes demeurent impuissantes. En un instant, les voiles, le gréement se couvrent de glaçons ; les cordes se roidissent, et sur le pont glissant l'équipage engourdi ne peut plus conjurer, par la précision des manœuvres, l'effort de la tourmente qui gronde sur sa tête. Le corps du navire lui-même n'apparaît bientôt plus que comme une lourde masse, inerte et abandonnée à la fureur des flots.... A quelques lieues de là et parallèlement à ces côtes glacées, nous retrouvons, même au cœur de l'hiver, les eaux fumantes du grand courant du Golfe du Mexique comme un port de refuge. Quelques heures suffisent.... Lorsque le navigateur l'atteint, la vie semble renaître au sein de ses eaux tièdes et bleues... » (Jullien, *Harmonies de la mer.*)

Les courants ont donc pour effets de tempérer le climat des côtes qu'ils baignent et d'offrir aux navigateurs une route sûre et un refuge contre les frimas.

L'EAU A L'ÉTAT SOLIDE OU LA GLACE.

VIII. — LA GLACE.

SOMMAIRE. — Formation de la Glace. — Expansion de la Glace. — Effets de la Gelée. — Maximum de densité de l'Eau. — Température des couches inférieures des lacs profonds. — Le Verglas. — La Neige. — Grésil; Grêle. — Résumé.

Formation de la Glace. — Lorsque la température s'abaisse jusqu'au-dessous de zéro, l'eau renfermée dans un vase passe à l'état solide. Elle devient *glace*. D'abord quelques fines aiguilles de forme régulière apparaissent à la surface; bientôt d'autres aiguilles croisent les premières sous des angles déterminés; elles deviennent de plus en plus nombreuses, s'enchevêtrent et forment une pellicule solide continue.

Si le froid persiste, l'épaisseur de la glace augmente. De nouvelles aiguilles cristallines s'ajoutent au-dessous de la couche déjà formée, d'autres viennent se grouper au-dessous de celles-ci, et l'accroissement s'opère ainsi, de proche en proche à partir de la surface et en descendant vers le fond. La couche de glace peut de cette manière atteindre des épaisseurs considérables sous l'action de froids rigoureux et persistants. Les montagnes de glace qui proviennent chaque année de la débâcle des mers polaires mesurent jusqu'à des centaines de mètres de hauteur[1].

Ce n'est pas à partir de zéro qu'a lieu la congélation de l'eau dans les eaux courantes. Le mouvement de l'eau, d'une part, mêle les couches de températures différentes, et, d'autre part, détermine un frottement entre ces couches; ces deux causes retardent le refroidissement : aussi, n'est-ce qu'à quelques degrés au-dessous de zéro que la congélation se produit.

Expansion de la glace. — On sait qu'à l'état liquide, les molécules de l'eau roulent librement les unes sur les autres comme des perles infiniment petites et d'un poli parfait; à l'état solide, au contraire, elles sont soumises à des directions déter-

1. Il se forme également des glaces dites *de fond* dans les fleuves, sans doute dans des endroits peu profonds, comme il s'en forme près du rivage.

minées et s'alignent en aiguilles qui forment ce qu'on nomme les *cristaux*. Ces aiguilles, se croisant en tous sens et laissant des vides entre elles, occupent naturellement un volume plus grand que les molécules liquides. C'est de ce fait que résulte l'*expansion de la glace*. Un litre d'eau congelée fournira donc, en fondant, moins d'un litre d'eau liquide, ou, si l'on veut, un litre d'eau liquide fournira, en se congelant, plus d'un litre de glace. On comprend maintenant pourquoi les glaçons surnagent et pourquoi une carafe, complétement remplie d'eau, se brise lorsqu'on laisse toute la masse de l'eau se congeler.

Huyghens, le premier, démontra l'expansion de la glace par cette expérience qu'on répète actuellement dans les cours de physique : il prit un canon de fer, le remplit d'eau, le ferma exactement et l'exposa à un froid assez vif. L'eau, en se congelant, fit éclater le canon avec bruit. — Les académiciens de Florence firent une expérience analogue avec une sphère d'or remplie d'eau. — En Angleterre, on se proposa d'évaluer la puissance d'expansion de la glace. On remplit d'eau une bombe dont l'ouverture fut bouchée avec un tampon de bois, et on l'exposa à un froid intense. Au moment de la congélation, il y eut une explosion et le tampon fut lancé dans l'espace avec un bourrelet de glace.

Effets de la gelée. — Cette expansion de la glace produit des effets funestes à certains végétaux dits *gélifs*. Lorsque, par des froids très-vifs, la séve, en grande partie aqueuse, vient à se geler, elle brise les vaisseaux dans lesquels elle circule et le végétal meurt. Les pierres dites *gélives* se désagrégent par la même cause, lorsque l'eau contenue dans leurs pores vient à se congeler.

Maximum de densité de l'eau. — Ce n'est pas seulement au moment de la congélation que l'eau occupe un plus grand espace; avant ce moment même, elle a déjà augmenté de volume. Elle semble se préparer à la cristallisation avant que ce phénomène ne se produise; on dirait que les molécules se groupent un peu avant la congélation pour se trouver prêtes quand le moment sera venu.

L'eau présente donc cette exception à la loi générale, qu'en se contractant par le refroidissement elle ne se contracte que jusqu'à la température de 4°. A partir de ce point, son volume augmente jusqu'à ce qu'elle produise toute son expansion en se congelant [1].

1. Nous ne voulons pas employer le mot *dilatation* pour désigner cet accroissement de volume, afin de réserver cette dénomination au fait par lequel les

C'est donc à 4° que l'eau, occupant le moindre volume, pèse tout naturellement plus qu'à aucune autre température; plus froide, elle pèse moins; plus chaude, elle pèse moins aussi. L'expression *maximum de densité* ne veut pas dire autre chose[1].

Une expérience fort simple permet de constater les faits énoncés précédemment. Un vase assez haut, une grande éprouvette par exemple, est entouré en son milieu d'une sorte de manchon; deux thermomètres placés l'un au-dessus et l'autre au-dessous du manchon, et disposés horizontalement, s'engagent dans des ouvertures pratiquées dans la paroi du vase. On remplit d'eau le vase et on place un mélange réfrigérant dans le manchon. L'eau se refroidit et les deux thermomètres descendent, le supérieur avant l'inférieur, jusqu'à 4°. Alors le thermomètre inférieur reste fixe, tandis que le supérieur continue à baisser jusqu'au moment où l'eau se congèle à la partie supérieure. On comprend que les couches supérieures, à mesure qu'elles se refroidissent, deviennent plus lourdes et tombent au fond du vase, pendant que les couches inférieures montent à la surface. Ces deux courants contraires cessent dumoment que les couches inférieures sont à 4°, car alors elles pèsent plus qu'à aucune autre température.

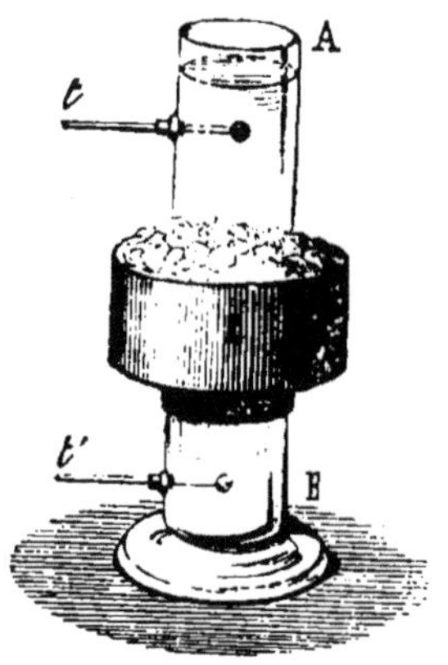

Fig. 24. — Appareil montrant le m. de densité de l'eau[2].

Bien que l'eau se gèle à zéro le plus communément, on peut en retarder la congélation et la conserver liquide à une température bien inférieure, si l'on a soin de prendre de l'eau pure et d'éviter tout ébranlement. A ce moment, le corps le plus léger, un fétu tombant dans l'eau suffit pour la solidifier. Cela montre bien que les molécules au moment de la congélation s'arrangent dans un ordre différent de celui qu'elles avaient à l'état liquide.

Lorsque l'eau contient certains corps en dissolution, les mo-

molécules d'un corps s'écartent, s'éloignent les unes des autres sans que la forme du corps soit altérée, les molécules conservant les mêmes positions relatives. Il n'est pas probable qu'il en soit de même pour l'eau, lorsqu'elle passe de 4° à 0°. Il est à supposer qu'alors l'accroissement de volume tient à un autre mode de groupement.

1. On s'explique maintenant le choix qu'on a fait de ce point fixe pour établir le *gramme*. Il fallait convenir d'une température particulière, et celle de 4° était tout naturellement indiquée, puisque c'est le point où l'eau pèse le plus.

2. AB, éprouvette; C, manchon; *t*, *t'*, thermomètres.

lécules sont gênées dans leurs mouvements par l'affinité qu'elles ont pour les corps, et la solidification se trouve retardée. C'est ce qui arrive pour l'eau de mer[1].

Température des couches inférieures des lacs profonds. — L'expérience précédente montre sur une petite échelle ce qui se passe dans certains lacs profonds. La température du fond de ces lacs se maintient constamment à 4°, bien que la surface puisse être gelée et même se trouver à une température inférieure à zéro.

Cela nous explique comment les animaux qui vivent dans l'eau échappent aux dangers que leur feraient courir des froids très-vifs. Les lacs profonds aussi bien que les mers leur offrent un asile sûr dans leurs régions inférieures qui restent liquides, pendant qu'une épaisse couche de glace couvre la surface des eaux.

Le Verglas. — Lorsque la surface du sol est au-dessous de zéro et que la pluie vient à tomber, les gouttes d'eau, brusquement saisies par le froid sur une épaisseur très-faible, — celle de la goutte aplatie sur le sol, — se congèlent au moment même où elles touchent la terre. Il en résulte comme une pellicule de glace très-unie et partant très-glissante qui a reçu le nom de *verglas*.

Cette mince couche de glace ainsi formée a sans doute une structure un peu différente et de la glace qui se produit à la surface des eaux et de celle qu'on voit se déposer sur les vitres en cristallisations arborescentes, ou sur le sol et les corps froids en gelée blanche. Elle doit offrir une cristallisation confuse analogue à celle du verre dont elle présente en effet toutes les apparences : le poli, l'éclat et la fragilité.

La Neige. — Si la température de l'air est assez basse, la vapeur des nuages se condense en pluie et passe aussitôt après à l'état solide sous forme de *neige*. Chaque gouttelette d'eau microscopique donne naissance en se congelant à un cristal infime, colonnette prismatique terminée en pointe à ses extrémités. Ces cristaux élémentaires ne restent pas isolés. A peine sont-ils formés, qu'ils se précipitent les uns vers les autres et forment des groupes étoilés. Tantôt six cristaux se réunissent autour d'un centre commun : c'est l'étoile la plus simple ; tantôt les associations sont plus nombreuses : sur les branches d'une pre-

1. Il n'est pas sans intérêt d'observer que lorsque les mers polaires se congèlent en partie, l'eau seule constitue les blocs de glace, tandis que le sel est abandonné à l'eau restée liquide, qui se trouve ainsi plus salée. Cela rend raison du procédé employé pour extraire le sel dans les mers du Nord.

mière étoile se disposent régulièrement des cristaux plus petits; sur ces derniers, d'autres plus petits encore. Ainsi l'étoile se complique de plus en plus; elle a des branches, des rameaux, des ramuscules, dont les modes de groupement sont soumis invariablement à la même loi.

Dans ces groupements divers, on peut remarquer que les angles formés par les cristaux entre eux sont de 30, 60 ou 120 degrés. Cette différence résulte de la forme même des cristaux. Aussi quand six cristaux constituent par leur ensemble un groupe étoilé, il se produit une étoile à six rayons d'une parfaite régularité; les rayons sont égaux entre eux et séparés par des intervalles égaux.

Ces étoiles ne sont pas d'ailleurs microscopiques : on les voit distinctement à l'œil nu, si l'on a soin de les recueillir sur un corps noir qui, par le contraste, en fait nettement distinguer les contours.

Près d'une centaine de formes, dont nous donnons ici quelques exemples, ont été observées, surtout par le navigateur anglais Scoresby, dans ses voyages aux mers polaires.

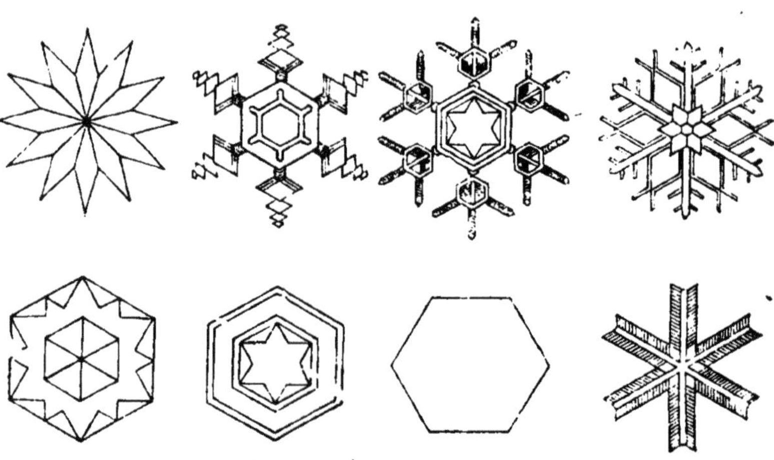

Fig. 25 — Étoiles de neige.

Tant que l'atmosphère est calme, les étoiles de neige offrent des arêtes nettes, des contours purs, des facettes unies ; mais si l'air est agité, ces constructions fines et délicates se heurtent, et dès lors les arêtes sont émoussées, les angles tronqués, les rayons brisés. Les débris se soudent en masses plus ou moins considérables qui forment les *flocons*.

La blancheur de la neige est passée en proverbe. Cette blancheur tient à ce que, dans ces cristaux si ténus, chaque facette est une sorte de miroir parfaitement poli. Les rayons lumineux s'y jouent à la surface et sont entièrement réfléchis. Dans la glace, au contraire, une portion de la lumière est absorbée ou diffusée, et par suite la réflexion incomplète; c'est pour cela que la glace prend des tons plus ou moins bleuâtres.

La neige est pour ainsi dire de la poussière de glace aérée, de la charpie comparée au tissu. Si l'on se souvient que l'air est un des plus mauvais conducteurs de la chaleur, on voit que la neige qui couvre le sol joue le rôle d'un édredon. Les plantes qu'elle enveloppe se trouvent à la température de zéro, tandis que l'air peut devenir très-froid et atteindre des températures de beaucoup inférieures à celle de la glace fondante.

Dans quelques régions du globe on trouve, à certaines hauteurs, de la neige et de la glace entassées en masses énormes. Ces neiges, qu'à cause de leur persistance on nomme *neiges éternelles,* donnent naissance aux *glaciers,* qui sont le siége de phénomènes très-curieux que nous aurons occasion d'étudier lorsqu'il sera question de la distribution de la température sur la Terre.

Le Grésil, la Grêle. — Le *grésil* et la *grêle* ne se forment sans doute que sous l'influence de l'électricité; aussi reviendrons-nous dans la suite sur ces météores pour essayer d'en expliquer la formation.

Le grésil consiste dans ces globules dont la grosseur ne dépasse pas celle des petits pois, et qui sont formés en partie de neige et en partie de glace. En France, ils tombent surtout au printemps, à l'époque des pluies mêlées de neige qu'on nomme giboulées. Ils rappellent assez par leur forme, leur texture et leur aspect, la pelote ou boule de neige faite à l'aide de la pression des mains. On dirait, en effet, qu'il y a eu fusion de la neige, puis transformation en glace par *regélation,* selon l'expression consacrée de Faraday, le savant physicien anglais.

Le *grêlon* offre une certaine parenté avec les grains de grésil, bien que la forme soit moins ronde; mais il a des dimensions beaucoup plus grandes, qui varient de la grosseur d'un pois jusqu'à celle du poing. Le poids varie dans la même proportion et atteint 100, 200 et jusqu'à 500 grammes. Il est probable que les gros grêlons sont des agglomérations de grêlons plus petits. Ainsi, tantôt isolés et menus en tombant, ils seraient le grésil; tantôt agglomérés et plus ou moins gros, ils formeraient le grêlon.

Lorsqu'on coupe un grêlon en travers, on aperçoit généralement au milieu un noyau de grésil autour duquel on distingue des couches concentriques superposées et assez minces de glace ou de neige. Ces couches présentent quelquefois une grande régularité; on dirait qu'elles ont été formées par des congélations successives de minces couches liquides.

Résumé. — Concluons de ce qui précède :

1° — Que la glace se forme en général à partir de zéro, le plus souvent à la surface de l'eau, mais quelquefois au fond sur le lit même des rivières; que l'épaisseur de la couche augmente avec la durée du froid; que le mouvement de l'eau en retarde le point de congélation;

2° — Que le volume de l'eau s'accroît par suite de la congélation, et qu'il en résulte que certains végétaux sont déchirés et certains minéraux désagrégés;

3° — Que l'eau pèse plus à 4° qu'à aucune autre température, et que le fond de certains lacs se maintient à cette température pendant un temps assez long ;

4° — Que le verglas résulte de la congélation de la pluie au moment où elle touche la terre;

5° — Que la neige se produit dans l'atmosphère par la congélation des gouttes de pluie, et que les cristaux simples s'associent pour former tantôt des groupes étoilés, tantôt des flocons;

6° — Que le grésil et la grêle sont également le résultat de la congélation de la pluie, mais dans des conditions spéciales où se trouvent mêlés les phénomènes électriques.

LA CHALEUR ET LES MÉTÉORES CALORIQUES.

I. — NOTIONS PRÉLIMINAIRES.

Sommaire. — La Chaleur. — Sources de Chaleur. — Effets de la Chaleur. — Mesure de la Chaleur. — Thermomètre ; Température. — Construction d'un Thermomètre. — Remarque. — Limites d'emploi du Thermomètre à mercure; Thermomètres à alcool et à air. — Pyromètres. — Usages du Thermomètre. — Thermomètres spéciaux. — Résumé.

La Chaleur. — Nous connaissons la chaleur par ses effets : nous disons de certains corps qu'ils sont chauds; d'autres, qu'ils sont froids. Nous voulons dire par là que les premiers sont plus chauds et les seconds moins chauds que notre propre corps. La chaleur du corps humain, en effet, est la mesure à laquelle nous rapportons celle des autres corps. Nous connaissons également la chaleur par son action sur les corps bruts : nous savons qu'elle les dilate, les fond et les vaporise. Mais tous ces effets ne nous permettent pas de rien affirmer sur la nature de la chaleur; tout ce que nous pouvons dire, c'est qu'on suppose qu'elle est produite par certaines vibrations des molécules des corps, analogues à celles qui produisent la lumière, et que comme la lumière elle est transmise par le fluide qu'on nomme *éther*.

Sources de Chaleur. — Les sources de chaleur sont très-diverses : les unes sont naturelles, comme la chaleur solaire, la chaleur propre de la terre, la chaleur animale; les autres sont artificielles, comme les combinaisons chimiques, le frottement, les chocs, etc.

La chaleur terrestre n'est pas d'autre origine que celle du soleil. Notre globe a été un soleil qui s'est peu à peu refroidi. Nous en avons pour preuves les substances en fusion que rejettent les volcans et la faible épaisseur de la croûte terrestre.

Les êtres vivants sont de véritables foyers où l'oxygène de l'air vient brûler le carbone du sang et produire la chaleur animale, variable pour les diverses espèces d'animaux terrestres, mais constante pour chacune d'elles. La combustion du carbone par l'oxygène est une combinaison chimique naturelle.

La plupart des combinaisons chimiques produisent de la chaleur. Lorsque nous enflammons une allumette, nous déterminons la combinaison du soufre et du phosphore avec l'oxygène; si nous faisons brûler à notre foyer du bois ou du charbon, nous combinons ces substances avec l'oxygène de l'air. Ce sont là les sources les plus ordinaires de la chaleur employée dans l'industrie et dans les usages de la vie.

A ces combinaisons il faut joindre les actions physiques. Ainsi, pour enflammer une allumette, il est nécessaire de la frotter contre un corps rugueux, parce que le frottement dégage la chaleur qui détermine l'inflammation du phosphore et du soufre. On sait qu'il est possible d'enflammer deux fragments de bois sec en les frottant fortement et rapidement l'un contre l'autre.

C'est pour éviter les effets de la chaleur produite par le frottement qu'on graisse les essieux des voitures, les pistons des machines à vapeur, etc. Lorsqu'un navire est *lancé* en mer, il glisse sur un plan incliné en bois qui toujours prend feu pendant le glissement.

Le choc, la compression, la torsion, toutes les actions mécaniques en un mot, comme le frottement, produisent de la chaleur. Le cheval dont le sabot ferré heurte vivement le pavé fait jaillir des étincelles de fer incandescentes. Les lames métalliques sortent brûlantes des laminoirs où elles ont été amincies. Le petit appareil nommé *briquet à air* montre comment on parvient en comprimant de l'air suffisamment à produire la chaleur nécessaire à la combustion de l'amadou, etc.

Effets de la Chaleur. — Étudions maintenant les effets de la chaleur sur les corps. Nous avons dit qu'elle les dilate, les fond et les vaporise. Chacun sait, par exemple, que l'eau déborde d'une bouilloire complétement remplie lorsqu'on vient à la chauffer : elle s'est dilatée, c'est-à-dire qu'elle a augmenté de volume. — Pour déboucher un flacon dont le bouchon de verre est trop adhérent on chauffe légèrement le goulot; celui-ci se dilate avant que la chaleur n'ait gagné le bouchon, de sorte que devenant plus large sans que la grosseur du bouchon ait varié, ce dernier peut être facilement dégagé.

Concluons que

1° *La chaleur dilate les corps.*

Tous les corps se dilatent quel que soit leur état, c'est-à-dire qu'ils soient solides, liquides ou gazeux. Mais lorsqu'un corps solide se dilate, sa *solidité* diminue. Si l'on chauffe une barre de fer par exemple, en même temps qu'elle se dilate elle se ramollit et devient bientôt pâteuse et fluide. Il est en effet naturel que les molécules s'éloignant les unes des autres soient de moins en moins unies. Elles deviennent de plus en plus libres et mobiles jusqu'au moment où elles le sont tout à fait, lorsque le corps est fondu ou plus exactement est devenu liquide.

Donc *la chaleur fait passer un corps de l'état solide à l'état liquide.*

Ce n'est pas tout. On sait que l'eau de la bouilloire mise sur le feu se dilate d'abord, puis se vaporise, si bien qu'elle finit par se transformer toute en vapeur. Sous l'action ininterrompue de la chaleur, qui n'a pas cessé d'écarter les molécules, l'eau a passé de l'état liquide à l'état gazeux.

Ajoutons donc que *la chaleur fait passer un liquide à l'état de gaz.*

Et comprenant les deux conclusions sous une formule plus générale, disons que

2° *La chaleur change l'état des corps.*

Observons que la dilatation et les changements d'état sont au fond les conséquences d'un effet unique, l'écartement des molécules, ou, si l'on aime mieux, l'agrandissement des pores. La dilatation en est une conséquence toute naturelle, mais, en outre, cet éloignement croissant affaiblit de plus en plus le lien qui unit les molécules entre elles ; à mesure qu'elles deviennent plus libres, plus mobiles, le corps devient liquide, puis enfin gazeux.

Mesure de la Chaleur. — Il serait évidemment impossible d'apprécier la chaleur par l'effet qu'elle produit sur nous, car nous la ressentons très-diversement suivant les dispositions où nous nous trouvons. Les corps bruts seuls, qui ne sentent rien par eux-mêmes, peuvent être employés à mesurer la chaleur, et, parmi les phénomènes qu'elle produit en eux, on choisit la dilatation, comme le plus apparent et le plus facile à observer.

Thermomètre; Température. — Le *thermomètre* (de *thermos*, chaleur) est l'appareil destiné à mesurer la *température*. On confond généralement et à tort la température d'un lieu avec la chaleur qui y est répandue. Or, la température n'est qu'une partie de la chaleur, celle qui agit sur le thermomètre; nous verrons bientôt qu'il y a une autre partie de la chaleur qui échappe à cet instrument.

Construction d'un Thermomètre. — Le corps destiné à servir de thermomètre peut être solide, liquide ou gazeux; le choix dépend de la température à mesurer. Il faut en effet qu'un corps solide soit fortement chauffé pour qu'il se dilate sensiblement, tandis que de faibles variations dans la température suffisent pour dilater notablement un corps gazeux. Il est donc tout naturel d'employer des corps solides pour la construction des thermomètres destinés à mesurer les hautes températures. Au contraire, on fera usage de préférence de corps gazeux pour apprécier de faibles variations de température. Les liquides servent dans les cas intermédiaires, et par conséquent dans les circonstances les plus fréquentes. Occupons-nous donc de la construction du thermomètre à liquide.

Choix du liquide. — Deux questions se posent tout d'abord : le choix du liquide et le choix de l'enveloppe qui l'enfermera. Le liquide doit satisfaire à un certain ensemble de conditions que seul le mercure réunit. Il faut un froid très-vif pour le congeler, et une chaleur assez intense pour le faire bouillir; il est visible à travers le verre et ne le mouille pas; il émet des vapeurs à peine sensibles; il se dilate uniformément, et s'obtient facilement pur. Le mercure sera donc communément employé.

Choix de l'enveloppe. — Le verre est le corps qui a offert le plus d'avantages pour enfermer le liquide; il fournit en effet une enveloppe sûre, transparente et légère, et de plus, il peut recevoir une forme quelconque. On lui donne la forme qui est la plus propre à rendre la dilatation très-apparente, celle d'un tube ayant à son extrémité un petit *réservoir* en façon de boule ou de cylindre.

Construction. — Il s'agit maintenant de construire le thermomètre et d'abord d'introduire le mercure dans le tube, qui est trop étroit pour le recevoir directement. Il faut donc s'y prendre d'une autre manière. On commence par chauffer le tube afin de chasser au moins en partie l'air qu'il contient; aussitôt après, on plonge l'extrémité opposée à la boule dans le mercure, et à mesure que le refroidissement s'opère, on voit le mercure, poussé par la pression atmosphérique, s'élever peu à peu dans le tube.

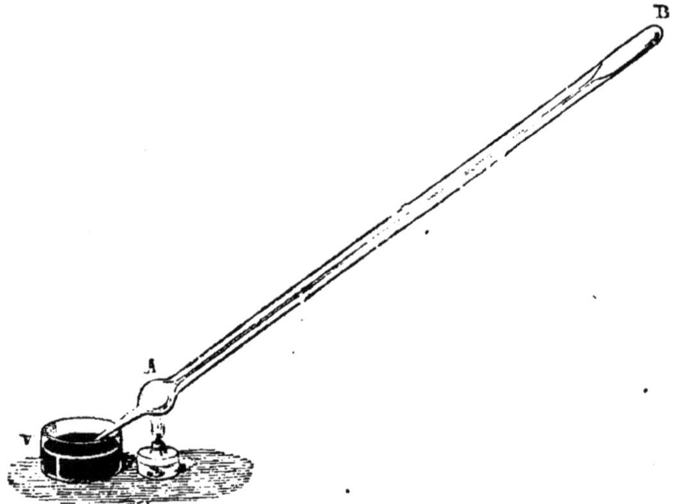

Fig. 26. — Disposition du tube pour l'introduction du mercure [1].

Souvent, il ne pénètre ainsi dans le tube qu'une quantité insuffisante de mercure : il faut le faire chauffer, le faire bouillir même afin de chasser complétement l'air; on retourne alors de nouveau le tube et l'on en plonge l'extrémité ouverte dans un bain de mercure, dont une nouvelle quantité pénètre dans l'appareil. On n'a plus qu'à fermer l'extrémité du tube en y dirigeant la flamme d'une lampe à l'aide d'un chalumeau : le verre fond, et l'ouverture se trouve bouchée.

Graduation. — L'appareil est construit; on n'a plus qu'à le graduer, et de telle manière que l'on puisse comparer entre elles les indications de tous les thermomètres. Comment en effet appré-

1. V, vase contenant le mercure; B, réservoir; A, sorte d'entonnoir où se rend d'abord le mercure.

cier les températures des divers pays, si on les estime à l'aide d'une mesure variable pour chaque thermomètre? Des points de

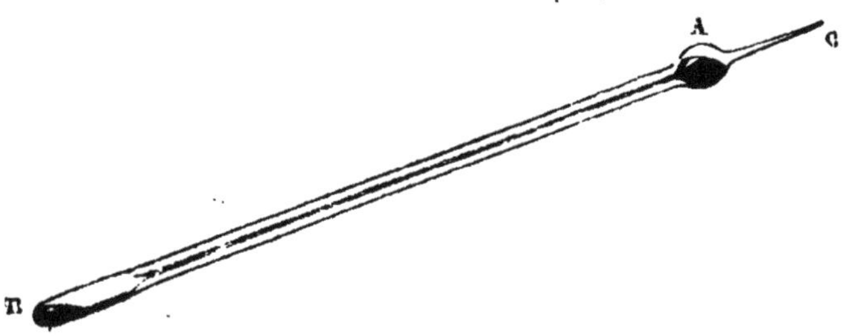

Fig. 27 — Passage du mercure dans le réservoir[1]

repère communs à tous ces appareils sont donc absolument nécessaires. Or, il y a deux points de division de l'échelle thermométrique que l'on peut facilement obtenir et qui sont invariables, quel que soit le lieu où l'on opère. On les obtient à l'aide de la fusion de la glace et de l'ébullition de l'eau, c'est-à-dire des changements d'état de l'eau. On pourrait d'ailleurs choisir un autre corps, mais aucun ne serait aussi commode.

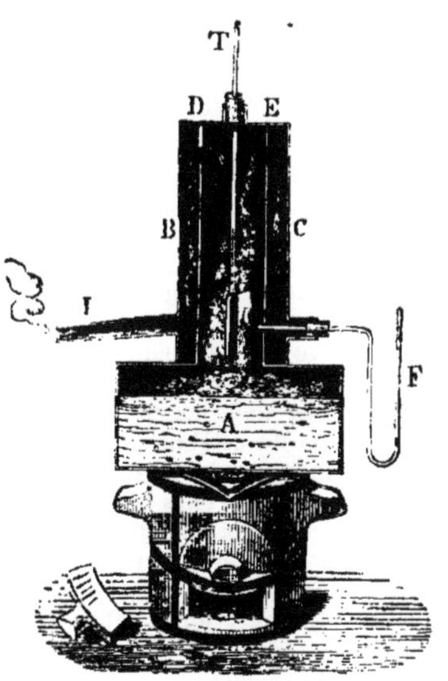

Fig. 28. — Appareil pour la détermination du point 100[2].

Si nous plaçons le thermomètre tel qu'il vient d'être construit dans de la glace *fondante*, nous voyons le mercure descendre dans le tube, puis s'arrêter et ne plus bouger. En ce point on marque *zéro* (0). Transportons le même thermomètre en divers lieux, mettons-le chaque fois dans de la glace fondante, et nous verrons le mercure revenir toujours au même point.

Le zéro ayant été déterminé, on prend de l'eau pure, on la fait bouillir dans un vase métal-

1. B, réservoir; A, entonnoir; C, extrémité effilée.
2. A, eau; BCDE, enveloppe métallique; T, thermomètre; I, tuyau pour l'écoulement de la vapeur; F, tube renfermant de l'eau, pour juger de la force de la vapeur.

lique[1], et, pendant qu'elle bout[2], on suspend le thermomètre au-dessus, c'est-à-dire dans la vapeur de l'eau bouillante. On voit le mercure s'élever et finir par s'arrêter en un point où il reste pendant toute la durée de l'ébullition. Là, on marque *cent* (100), si l'on adopte la graduation *centigrade*, et *quatre-vingts* (80), si l'on adopte la graduation *Réaumur*[3].

Un autre mode de graduation, dû à Fahrenheit[4], est en usage en Amérique et en Angleterre. Le point où nous marquons zéro est indiqué par le nombre 32, celui où nous marquons 100 ou 80 est indiqué par le nombre 212. On voit par là que 100° C. (cent degrés centigrades) valent 80° R. (quatre-vingts degrés Réaumur) et 180° F. (cent quatre-vingts degrés Fahrenheit[5].

Remarque. — On est naturellement disposé à croire que les degrés du thermomètre sont proportionnels à l'intensité de la chaleur, que par exemple vingt degrés expriment une quantité de chaleur double de celle qui correspond à dix degrés; il n'en est rien. Tout ce qu'il est permis de croire, c'est que la température est d'autant plus élevée que le nombre des degrés est plus grand. Il y a donc plus de chaleur à vingt degrés qu'à dix, mais il n'y en a pas exactement deux fois plus. Cela tient à ce que le thermomètre n'indique pas la totalité de la chaleur.

Limites d'emploi du Thermomètre à mercure; Th. à alcool

1. Le choix du vase n'est pas indifférent : l'eau bout plus facilement et par conséquent plus tôt dans un vase métallique que dans tout autre vase.

2. On a vu que la température de l'eau bouillante varie avec la pression atmosphérique ; on suppose ici que la pression est de 76 centimètres. Si elle est différente on en tient compte.

3. Du nom du célèbre naturaliste qui l'a indiquée.

4. Du nom d'un habile physicien de Dantzick.

5. Ce qui importe dans la graduation du thermomètre, c'est la détermination précise des points fixes. Quant aux nombres par lesquels on les représente, ils ne peuvent être que plus ou moins commodes. On comprend à ce point de vue le nombre 100 qui est en harmonie avec notre système de mesures; quant au nombre 80, c'est un nombre entier de dizaines, mais qui n'est pas aussi simple; enfin, le nombre 212 est tout à fait arbitraire et ne fait qu'ajouter à la difficulté des évaluations.

Du reste on peut reprocher aux deux premiers modes de graduation d'adopter pour point de départ le chiffre 0 qui semble indiquer l'absence totale de chaleur et qui, en faisant distinguer des degrés *au-dessus et au-dessous de zéro*, amène à croire que les seconds sont des degrés de froid comme les premiers des degrés de chaleur. Il aurait mieux valu désigner par 100 le point zéro et mettre 200 où nous mettons 100. On remédiait ainsi à cette double cause d'erreur. C'est sans doute ce que s'était proposé Fahrenheit; mais on comprend que le nombre 32 est beaucoup trop faible, surtout quand on considère que les degrés Fahrenheit ne valent que les cinq neuvièmes d'un centigrade et les quatre neuvièmes d'un Réaumur.

et à air. — Le mercure bout à 360°, il se congèle à 40° au-dessous de zéro. Le thermomètre à mercure ne peut donc servir qu'entre ces deux extrêmes. Pour des froids plus intenses, on a recours à l'alcool, qui n'a pu être congelé par les plus grands froids. On construit le thermomètre à alcool à peu près comme celui à mercure; on le gradue en le comparant à un thermomètre à mercure déjà gradué.

Quant aux températures supérieures à 360°, on fait usage du *thermomètre à air* dont la description nous entraînerait trop loin, et qui d'ailleurs ne saurait servir aux usages de la vie.

Pyromètres. — On emploie également pour l'évaluation des hautes températures des appareils fondés, les uns sur l'allongement d'une tige métallique, les autres sur le retrait de l'argile sous l'action de la chaleur. Ce sont les *pyromètres* (de *pyr*, feu).

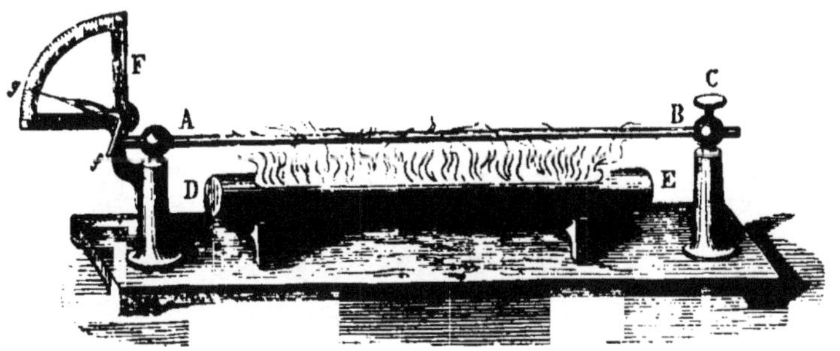

Fig. 29. — Un pyromètre [1].

Lorsqu'il s'agit d'évaluer les hautes températures, on ne se sert plus des degrés, qui n'auraient pas un sens bien défini; on a recours, comme moyen de désignation, au nom de la couleur que prennent les métaux soumis à ces températures. Ainsi on dit :

Le *rouge*.	500	à	800°.
— *cerise*.	800	—	1000°.
— *orangé*	1000	—	1200°.
— *blanc*.	1200	—	1600°.
— *blanc éblouissant* au-dessus de			1600°.

Usages du Thermomètre. — Le thermomètre permet d'estimer les températures auxquelles s'opèrent la fusion des corps solides et l'ébullition des liquides; celles nécessaires à la production des combinaisons ou des décompositions; il permet de

1. DE, fourneau; AB, tige métallique; C, vis; F, cadran; *fg*, aiguille.

comparer entre elles les dilatations des corps, et par suite de remédier à diverses causes d'erreur, par exemple celles qu'entraînent, dans la mesure du temps, les variations dans la longueur du balancier des horloges et des chronomètres, celles qui résulteraient des influences de la température sur la hauteur de la colonne de mercure du baromètre. On sait les services que rend le thermomètre dans les usages de la vie, lorsqu'il s'agit de déterminer la température d'une chambre, d'un bain, d'une classe, etc.

Thermomètres spéciaux. — On a souvent besoin dans les recherches de météorologie ou de physique terrestre de connaître la plus haute ou la plus basse température de la journée, ou bien celle du sol à diverses profondeurs, d'une mine par exemple, ou encore celle du fond des lacs, des sources et des mers. On fait alors usage de thermomètres d'une construction particulière appelés *thermomètres à maxima* ou *à minima*. Il y en a de diverses sortes.

Fig. 30. — Thermomètre à maxima[1].

Celui de *Rutherford* est un thermomètre à mercure disposé de telle sorte que la tige soit horizontale. Un fragment d'aiguille à coudre a été introduit au préalable dans le tube et se trouve naturellement au-dessus du mercure. Celui-ci vient-il à se dilater par suite de l'élévation de la température, il pousse le fragment d'acier et le chasse devant lui tant qu'il se dilate. Lorsque la température vient à baisser et que le mercure se retire, le

Fig. 31. — Thermomètre à minima[2].

1, 2. R, réservoir; AB, tube; C, index.

morceau d'acier reste en place et témoigne de la plus haute température de la journée.

Le *thermomètre à minima* est à alcool; un petit morceau d'émail remplace le fragment d'acier et surnage dans l'alcool : il est entraîné quand le liquide se retire et reste immobile lorsqu'il se dilate. Le fragment d'émail est donc toujours au point qui indique l'extrême retraite de l'alcool.

Il existe des thermomètres ingénieux *à déversement* dont l'invention est due à M. Walferdin. Le principe en est fort simple. S'il est à maxima, on le remplit complétement de mercure à une température inférieure à celle que l'on veut observer. De la sorte, la température venant à s'élever, le liquide coule au dehors, et il en sort d'autant plus que la température s'élève davantage. A l'extrémité de la tige est un petit réservoir qui reçoit le mercure déversé et permet de le faire rentrer de nouveau dans la tige qui a été recourbée pour cet effet.

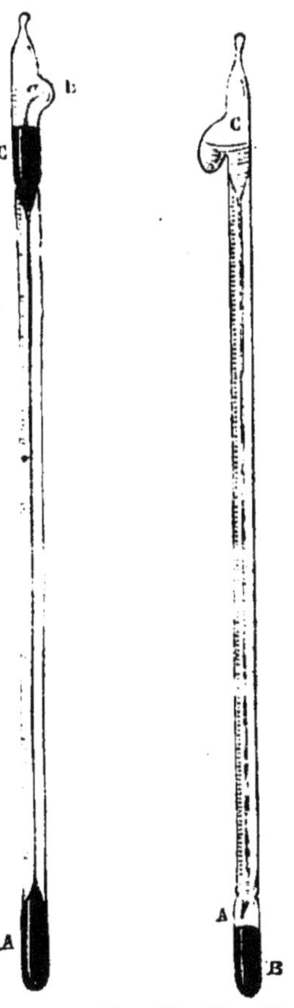

Fig. 32. — Th. à maxima[1]. Fig. 33. — Th. à minima[2].

Lorsqu'on veut faire une observation dans un endroit inaccessible, comme le fond de la mer ou d'un puits, on enferme le thermomètre dans un étui et on le descend à l'aide d'une ficelle.

Le thermomètre à minima est un peu différent : la tige se prolonge en une pointe engagée dans le réservoir inférieur qui renferme une certaine quantité de mercure, au-dessus duquel se trouve de l'alcool. Au moment de faire usage du thermomètre, on fait pénétrer dans la partie inférieure de la tige, en chauffant le réservoir, une petite quantité du mercure qui s'y trouve. On transporte alors l'appareil dans le lieu d'observation, et, à mesure que la température s'abaisse, une portion plus ou moins grande du mercure de la tige tombe dans le réservoir. Par ce qui reste dans

1. A, réservoir; B, réservoir à déversement; C, dilatation du tube; *a*, extrémité effilée.

2. AB, réservoir; C, expansion du tube.

la tige à la fin de l'expérience on juge de l'abaissement de la température.

Résumé. — Ce qui précède peut se résumer ainsi :

1°—La chaleur est probablement due à un mouvement vibratoire des molécules des corps ;

2° — Les sources de la chaleur sont naturelles, comme la chaleur solaire, la chaleur propre de la terre, la chaleur animale; ou artificielles, comme les combinaisons chimiques et les actions mécaniques ;

3° — La chaleur dilate les corps et change leur état;

4° — Le thermomètre est un appareil destiné à mesurer la température ; le thermomètre à mercure est le plus généralement employé, mais son emploi est limité entre 360° au-dessus et 40° au-dessous de 0. Les hautes températures s'évaluent à l'aide des pyromètres ;

5° — Certains thermomètres servent spécialement à évaluer les températures *maxima* ou *minima*.

II. — DISTRIBUTION DE LA CHALEUR SUR LA TERRE.

Sommaire. — Chaleur terrestre; Chaleur solaire. — Marche de la température à la surface de la terre pour un même lieu : 1° pendant le jour; 2° pendant l'année. — Variations de la température pour divers lieux : 1° influence de la latitude; 2° influence de l'altitude. — Neiges éternelles et Glaciers. — 3° Causes secondaires. — Conséquences. — Résumé. — Chaleur propre de la terre. — Température aux diverses profondeurs. — Preuves. — Origine du globe. — Résumé.

Chaleur terrestre; Chaleur solaire. — La terre possède une chaleur propre qui est déjà appréciable à une faible profondeur; elle reçoit en outre du soleil une certaine quantité de chaleur, mais qui ne dépasse pas la surface du sol. Nous avons donc à étudier, d'une part, la distribution de la chaleur solaire à la surface de la terre ainsi que les variations qu'elle éprouve aux diverses hauteurs de l'atmosphère, et, d'autre part, les variations de la température à partir de la surface et en pénétrant dans l'intérieur[1].

1. Ce chapitre appartient plus particulièrement à ce qu'on nomme la *physique du globe;* mais on ne saurait le séparer de la météorologie dans un traité élémentaire, à cause des points nombreux qui sont communs à cette branche de la physique et à la météorologie.

Marche de la température à la surface de la terre pour un même lieu. — La chaleur solaire seule se fait sentir à la surface de la terre, et elle est seule la cause des variations de la température; quant à la chaleur propre de la terre, elle ne parvient pas jusqu'à la surface même. On peut dire que l'action de la chaleur terrestre finit où celle de la chaleur solaire commence. C'est donc dans la marche apparente du soleil que nous trouverons l'explication des principales variations de la température à la surface de notre globe et dans l'atmosphère.

Nous allons successivement examiner ce qui se passe pendant le jour et pendant l'année dans les divers points du globe.

1° *Pendant le jour.* — Au lever du soleil la chaleur que cet astre répand est peu sensible; d'une part, en effet, les rayons sont très-obliques et ne font que raser la surface de la terre; d'autre part, ces rayons traversant l'atmosphère sur une étendue

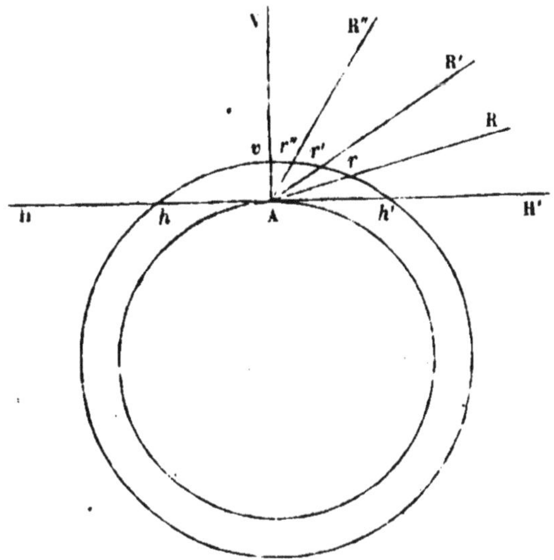

Fig. 34. — Représentation théorique de l'atmosphère et des rayons solaires[1].

plus grande qu'à aucun autre moment du jour arrivent affaiblis sur le sol. Mais à mesure que le soleil s'élève ses rayons tombent plus d'aplomb, et traversant une moindre épaisseur d'air ils ont

1. H*h* H'*h'*, horizon; A, un point du globe; A*v*V, verticale; A*h'*, A*r*, A*r'*, A*r''*, A*v*, portions de l'atmosphère traversées par les rayons solaires : AR, AR', AR'', AV.

moins perdu de leur force; la chaleur augmente donc en même temps que l'astre s'élève.

Ce n'est pas toutefois au lever du soleil que la température est la plus basse, mais un peu avant ce moment; la raison en est bien simple : les rayons solaires qui éclairent l'atmosphère avant le lever de l'astre et produisent l'aurore sont déjà renvoyés en partie sur la terre et y déposent une certaine quantité de chaleur, très-faible il est vrai, mais appréciable.

Les rayons solaires devenant de plus en plus intenses jusqu'à midi, où ils le sont le plus, on est tout naturellement porté à penser que midi est le moment le plus chaud de la journée. Il n'en est rien. Il faut en effet tenir compte non-seulement de la chaleur que la terre reçoit du soleil, mais encore de ce qu'elle en perd par le rayonnement dans l'espace. Tant qu'elle perd moins qu'elle ne reçoit, elle accumule; c'est ce qui a lieu jusque vers deux heures; à partir de ce moment la perte devient plus grande que le gain, et la chaleur diminue progressivement jusqu'au moment qui précède le lever du soleil.

Donc *la plus haute température du jour se trouve vers deux heures, un peu plus tôt en hiver, un peu plus tard en été.*

2° *Pendant l'année.* — Non-seulement les rayons solaires sont inégalement inclinés sur la surface de la terre aux diverses heures d'une même journée, mais leur inclinaison varie encore pour un même lieu chaque jour de l'année. La terre, en effet, présente sa surface au soleil sous des inclinaisons diverses aux diverses époques de l'année. Les rayons solaires y tombent donc plus ou moins d'aplomb. L'obliquité va diminuant progressivement du 21 décembre au 21 juin, c'est-à-dire pendant une moitié de l'année, l'hiver et le printemps; elle augmente aussi progressivement pendant l'autre moitié de l'année, c'est-à-dire l'été et l'automne. Il en résulte que la variation de la température pendant l'année rappelle, mais dans de plus grandes dimensions et pour un espace de temps plus considérable, la variation de la température pendant le jour. L'année à ce point de vue peut être considérée comme un jour trois cent soixante-cinq fois plus long.

Le plus ou moins d'obliquité des rayons du soleil est donc la première cause de la différence de température entre les saisons. Une seconde cause plus importante, c'est, pendant l'été, la longue durée des jours et la courte durée des nuits, et inversement pendant l'hiver, la courte durée des jours et la longueur des nuits. On comprend que pendant l'été la terre reçoit plus de chaleur qu'en hiver puisque la journée est plus longue, et aussi qu'elle en perd moins puisque la nuit est plus courte ; il y a donc une double cause d'accroissement. Ajoutons qu'un corps déjà échauffé se trouve dans des conditions de plus en plus favorables pour s'échauffer davantage. En dilatant les corps, la chaleur y trouve un accès plus facile. Au contraire, un corps qui s'est déjà refroidi se refroidira encore plus, parce que ses pores se resserrent et que la chaleur s'y insinue plus difficilement.

Il résulte de ce qui précède que la chaleur solaire va croissant pendant une partie de l'année jusqu'au 21 juin (*solstice d'été*), moment de la plus petite inclinaison des rayons solaires. Cependant il ne s'ensuit pas que ce moment soit le plus chaud de l'année. Comme nous le savons déjà, on ne doit pas seulement tenir compte du gain, mais aussi de la perte. La chaleur acquise par la terre continue à croître après le 21 juin, bien qu'elle reçoive de jour en jour moins de chaleur à partir de cette époque, parce qu'elle en perd encore moins qu'elle n'en reçoit. La température continue donc à s'élever jusqu'au moment où la perte et le gain s'équilibrent, c'est-à-dire vers le 26 juillet (*jours caniculaires*).

A partir du mois d'août, la chaleur va diminuant. Le soleil donne son minimum au solstice d'hiver, point où ses rayons sont aussi inclinés qu'ils peuvent l'être. Toutefois la plus basse température de l'année n'a lieu que vers le 15 janvier, parce que jusqu'à ce moment la perte de chaleur a dépassé le gain.

Variations de la température pour divers lieux. — Non-seulement la température varie pour un même lieu pendant le jour et pendant l'année, mais elle varie encore pour une même époque dans les divers points du globe. Ces variations sont dues : 1° à la distance plus ou moins grande d'un lieu quelconque à l'équateur, c'est-à-dire à sa latitude ; 2° à sa hauteur plus ou moins grande au-dessus du niveau de la mer, c'est-à-dire à son altitude. On doit en outre tenir compte de l'influence du voisinage de la mer, de la configuration des contours et des reliefs des continents, des vents régnants. Nous allons examiner successivement ces diverses causes.

1° *Influence de la latitude.* — La terre, on le sait, a la forme d'une sphère. Elle présente au soleil une moitié de sa surface, sur le milieu de laquelle les rayons solaires tombent d'aplomb, tandis que tout autour de ce point ils frappent obliquement le sol, et d'autant plus obliquement que les parties atteintes sont plus près des bords.

Si donc la terre était immobile, il y aurait un maximum de

température au milieu de l'hémisphère exposé au soleil et un minimum sur le contour circulaire qui limite ce même hémisphère. Mais la terre tourne sur elle-même comme une roue dont les pôles sont les essieux, et présente au soleil de nouvelles portions de sa surface, de sorte que l'ensemble de tous les points milieux forme, pendant une journée, une ligne qui diffère peu de l'équateur, et pendant l'année, une bande ou *zone équatoriale,* qu'on nomme encore *zone torride* (de *torrere, brûler*), où règne la plus haute température.

De part et d'autre de cette zone, en marchant vers l'un ou l'autre pôle, la température va s'abaissant de plus en plus jusqu'aux pôles, où elle est *minimum.* Il y aurait donc d'après cela une zone équatoriale et deux zones polaires; mais chacune de ces dernières se divise en deux, l'une renfermant tous les points qui ne cessent pas de voir le soleil chaque jour pendant le cours d'une année, l'autre où, à certains moments, on ne voit pas le soleil pendant un temps plus ou moins long, depuis un jour jusqu'à six mois. La première zone est la *zone tempérée,* la seconde est la *zone glaciale,* deux noms qui par eux-mêmes sont des définitions.

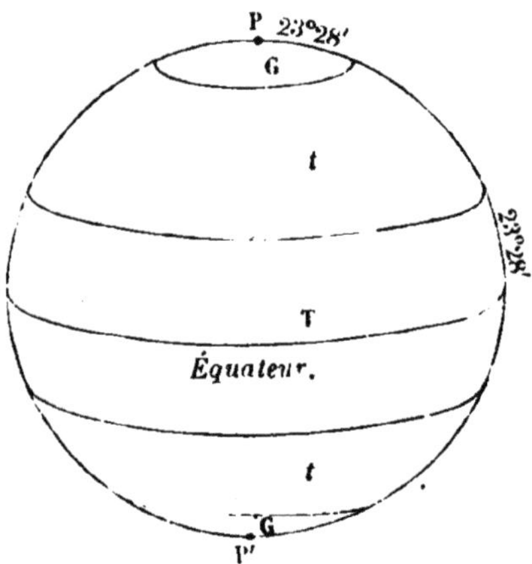

Fig. 35. — Représentation des zones [1].

La surface du globe est donc divisée naturellement en cinq zones délimitées par les rayons solaires. Une zone à l'équateur comprenant une largeur de 23° 28' au-dessus et au-dessous de

1 P, P', pôles; G, G, zones glaciales; *t*, *t*, zones tempérées; T, zone torride.

la ligne équatoriale, une zone du même nombre de degrés autour de chaque pôle, enfin une zone intermédiaire dans l'un et l'autre hémisphère.

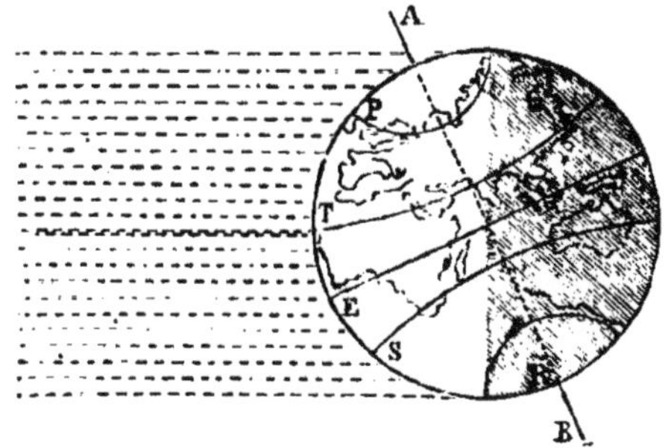

Fig. 36. — L'un des solstices[1].

Ce n'est pas seulement le plus ou moins d'obliquité des rayons solaires qui fait varier la température aux divers points du globe : il faut tenir compte de l'égale durée des jours et des nuits à l'équateur pour expliquer la chaleur ardente de ces régions, comme il faut également tenir compte des variations énormes que subissent le jour et la nuit dans le voisinage des pôles pour rendre raison des froids excessifs qui y règnent.

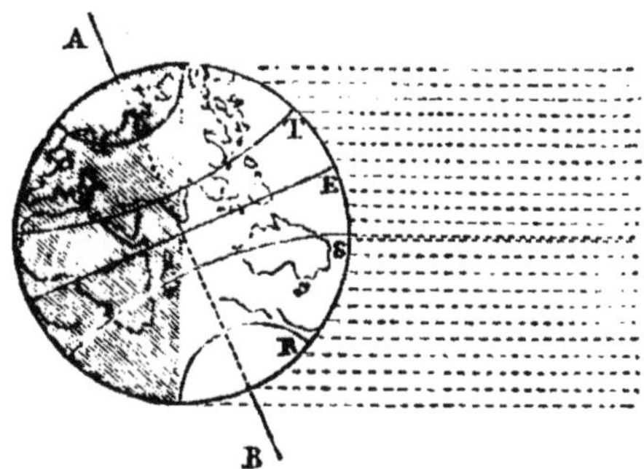

Fig. 37. — L'autre solstice[2].

On le voit, ce sont les mêmes causes qui font varier la température à la surface du globe, qu'il s'agisse d'un même lieu ou de lieux différents, que l'on observe ce qui se passe dans un jour

1. AB, axe ; T, S, cercles qui limitent la zone torride ; E, équateur.
2. AB, axe ; T, S, cercles qui limitent la zone torride ; E, équateur.

ou dans une année : d'une part, l'inégale inclinaison des rayons solaires, de l'autre, l'inégale durée des jours et des nuits.

2° *Influence de l'altitude.* — Après ce qu'on vient de lire, il semblerait tout naturel d'admettre que tout est symétrique quant à la température dans les deux hémisphères, et, de plus, que tous les lieux situés à égale distance de l'équateur, c'est-à-dire ayant la même latitude, ont aussi en partage la même température. Il en serait ainsi si la surface de la terre était uniforme et homogène ; si, par exemple, une couche d'eau d'une profondeur uniforme la recouvrait. Mais d'abord la terre, loin d'être unie, présente des reliefs montagneux séparés par des vallées ; il en résulte que les divers lieux sont plus ou moins élevés au-dessus de la surface générale. Or la température varie avec l'altitude pour diverses raisons. En premier lieu, il faut se rappeler que l'air se détend d'autant plus qu'il est dans une région plus élevée de l'atmosphère ; par l'effet même de cette distension il se refroidit, car les corps s'échauffent lorsqu'on les comprime et se refroidissent lorsqu'on les détend. En second lieu, la couche d'air qui recouvre un lieu élevé est moins épaisse que celle qui s'étend sur la plaine, et d'autant moins que le lieu est plus élevé. Or l'air forme une couche protectrice qui empêche le refroidissement en même temps qu'il arrête le rayonnement de la chaleur terrestre vers l'espace. On comprend maintenant pourquoi la température s'abaisse de plus en plus à mesure qu'on gagne les régions de plus en plus élevées de l'atmosphère, et pourquoi la même température ne règne pas dans les lieux situés sur un même parallèle.

Neiges éternelles et Glaciers. — On s'explique facilement la présence de la neige et de la glace sur toutes les crêtes élevées sous les latitudes les plus diverses et en toute saison. Les monts Ourals dans les régions voisines du pôle, les Alpes et les Pyrénées dans la zone tempérée, l'Atlas et l'Himalaya, non loin de l'équateur, ont constamment leurs sommets couverts de neige. On a nommé *neiges éternelles* ces masses neigeuses qui persistent à toutes les époques de l'année et donnent naissance aux couches de glace nommées *glaciers*.

La limite à laquelle elles s'arrêtent sur les versants varie avec la latitude ; elles descendent d'autant plus bas que le pays est plus froid, c'est-à-dire plus voisin du pôle. Ainsi, tandis qu'en Norwége elles commencent à 1,000, 1,200, 1,500 mètres de hauteur, dans les Alpes et les Pyrénées elles ne se trouvent pas au-dessous de 2,700 mètres, et sur les Cordillères elles restent à la hauteur de 5 kilomètres environ.

La chaleur solaire d'une part, le froid de la nuit d'autre part, déterminent la formation du *glacier*. En effet, pendant le jour, le soleil fond la couche de neige superficielle, mais, dans la nuit qui suit, le froid congèle l'eau provenant de la fusion. A diverses reprises ces phénomènes se produisent : la neige est fondue, l'eau qui en provient, gelée. Ainsi se forment de menus fragments de glace de forme irrégulière, et ces grains de glace, à leur tour fondus partiellement, soudés les uns aux autres, donnent naissance à de plus gros fragments, de sorte qu'au bout d'un certain temps la surface de la neige est transformée en une couche plus ou moins épaisse de grains de glace de diverses grosseurs ; c'est ce qui constitue le *névé*.

Mais la fusion n'a pas seulement lieu à la surface, elle se continue dans toute la masse de la neige. Après un long intervalle de temps, cette masse est en grande partie transformée en glace compacte *éternelle* qui occupe les vallées supérieures ; c'est le *glacier*.

Une fois formé, le glacier glisse, par son propre poids, sur les pentes, et s'avance insensiblement vers la plaine. Il occupe successivement les divers étages de la vallée dont il suit les contours. Si elle est resserrée et présente une gorge étroite, il s'y engage et s'y moule pour ainsi dire ; si, au contraire, elle est large et ouverte, il se répand librement et forme alors une mer de glace.

L'eau qui provient de la fusion de la glace, s'insinuant dans les fentes et arrivant jusqu'au sol, en détache le glacier dont la descente se trouve ainsi rendue plus facile. Toutefois il ne s'avance pas sans difficulté ; les anfractuosités et les replis du terrain ralentissent son cours. Dans cette marche accidentée, la masse glacée s'étire, se tord et se rompt ; de là résultent de nombreuses crevasses béantes, étroites et profondes. En même temps les terrains meubles sont entraînés, les roches sont polies et rayées par le poids de la glace, et par l'effet des fragments pierreux et du sable qui roulent avec elle. Le glacier chasse devant lui tous ces débris (moraines) qui marquent ses limites et l'encadrent comme une bordure.

Parfois il arrive au milieu des terrains cultivés. Le paysage présente alors un caractère étrange : les tertres forment des îlots verdoyants au milieu de la glace qui les environne, la tête feuillue des arbres apparaît seule et s'étend sur la glace qui cache leurs troncs : c'est un mélange de verdure et de blancheur qui étonne et réjouit tout à la fois. Le glacier est maintenant à sa limite d'expansion. Des milliers de ruisseaux provenant de la fonte de la neige et de la glace courent bruyamment sur les pentes qu'ils ravinent et se rassemblent au fond de la vallée pour former une rivière qui va se perdre dans le fleuve le plus voisin.

Ainsi, tandis que la neige qui couronne les sommets se renouvelle sans cesse, la masse de neige et de glace se fond constamment dans toute son étendue. Le glacier s'accroît donc à son sommet en même temps qu'il s'use à sa base; il ressemble à un fleuve au cours lent, non-seulement par sa marche, mais encore parce qu'il se renouvelle constamment dans son entier.

3° *Causes secondaires.* — La latitude et l'altitude règlent d'une manière générale la distribution de la température à la surface du globe, mais des causes secondaires, toutes locales, modifient cette distribution dans une certaine mesure. Ces causes sont : *le voisinage de la mer, la configuration du sol, les vents habituels.*

Le voisinage de la mer détermine, on le sait, les brises du soir et les brises du matin qui tempèrent les chaleurs de l'été et les froids de l'hiver, mais seulement pour les pays situés près du rivage. De plus, l'évaporation des eaux amène une perte de chaleur bientôt retrouvée dans la condensation de ces vapeurs en pluie. La présence des brouillards et des nuages forme en général pour la terre une enveloppe protectrice qui l'empêche de se refroidir. Enfin, les courants marins, nous l'avons déjà vu, exercent une influence salutaire.

On s'explique facilement comment les îles ont un climat plus doux que les continents voisins. Les hivers y sont moins rigoureux et les étés moins ardents. La douceur de l'hiver en Angleterre n'est pas un fait moins connu que le printemps éternel des îles de la Grèce. La comparaison des deux hémisphères terrestres, le boréal et l'austral, le premier surtout continental, le second principalement maritime, peut expliquer dans une certaine mesure les différences qu'on observe dans la température de ces deux régions.

Les presqu'îles doivent naturellement jouir, au moins en partie, des avantages des îles. Les côtes profondément découpées, où la mer pénètre par de nombreux petits golfes dans l'intérieur des terres, exercent une influence sur le climat. Il faut y ajouter les inégalités du sol, les directions variées des différents versants, en un mot la configuration des continents.

Enfin, la nature des vents qui règnent le plus souvent dans une contrée est aussi une cause de modifications plus ou moins profondes pour le climat. En effet, les vents peuvent être chauds ou froids, secs ou humides, suivant les contrées d'où ils soufflent. Aussi voit-on quelquefois des différences très-marquées entre la végétation de l'un des versants d'une montagne et celle de l'autre, ou encore dans la limite où s'arrêtent les neiges éternelles, etc.

On voit maintenant comment les causes secondaires troublent en partie l'effet des causes générales dans la distribution de la température, tant pour les deux hémisphères terrestres que pour les points d'un même hémisphère situés sur un même parallèle. Aussi la carte *physique* de la terre n'est pas identique à la carte géographique. Sans doute, la chaleur croît dans les deux hémisphères à mesure qu'on s'avance du pôle à l'équateur, mais elle n'est pas égale pour tous les points situés sur un même parallèle ni pour des lieux symétriques par rapport à l'équateur. Lorsqu'on réunit par une ligne les points où la température moyenne de l'hiver ou de l'été ou de l'année est la même, ces lignes plus ou moins sinueuses ne sont pas des parallèles. Ainsi, quel que soit le mode d'appréciation de la température, on constate des inégalités et des différences pour des lieux occupant des positions géographiques semblables. Dès lors, les *pôles du froid* ne coïncident pas avec les pôles, extrémités de l'axe, et l'équateur *thermal* n'est pas l'équateur géographique. Il y a en quelque sorte une terre géographique ou géométrique, si on l'envisage en elle-même seulement, et une terre physique, si l'on considère les phénomènes dont elle est le siége.

Conséquences. — Tandis que la nature minérale est sensiblement la même dans tous les points du globe, les animaux et les végétaux, au contraire, dont l'existence dépend de certaines conditions climatériques, changent avec la région ; mais les végétaux surtout, par leur immobilité forcée, caractérisent plus particulièrement le paysage. La nature des plantes, leur vigueur, leurs formes, leurs couleurs, etc., se modifient en même temps que la température. Nombreuses et vigoureuses dans les pays chauds, elles deviennent de plus en plus rares et chétives à mesure qu'on avance vers les pays froids. Les espèces annuelles disparaissent, les espèces vivaces sont plus délicates, enfin de rares végétaux d'un ordre inférieur sont épars dans les régions désolées du pôle. Linné montre bien cette relation entre la vie et la chaleur : « La dynastie des palmiers, dit-il, règne sur les parties les plus chaudes du globe, les zones tropicales sont habitées par des peuplades d'arbustes et d'arbrisseaux, une riche couronne de plantes entoure les plages de l'Europe méridionale, des troupes de vertes graminées occupent la Hollande et le Danemark, de nombreuses tribus de mousses sont cantonnées dans la Suède ; mais les algues blafardes et les blancs lichens végètent seuls dans la froide Laponie, la plus reculée des terres habitables. Les derniers des végétaux couvrent la dernière des terres. »

Pour observer ces rapports entre la température et la vie, il n'est pas nécessaire de parcourir de vastes étendues de pays; il suffit de gravir une montagne assez élevée. Sur un parcours beaucoup moindre en altitude qu'en latitude, on voit se reproduire les mêmes phénomènes. Les étages successifs de la montagne correspondent aux diverses latitudes. On parcourt en montant la zone torride, la zone tempérée, la zone glaciale, et on observe le décroissement progressif de la vie jusqu'aux sommets les plus élevés où le froid triomphe.

Sans même sortir de la France, en la parcourant du sud au nord, nous voyons successivement les limites où s'arrête la culture de l'oranger, de l'olivier, de la vigne, etc., et si nous nous élevons sur les Alpes, par exemple, nous trouvons à leurs pieds, dans les plaines de la Lombardie, une végétation riante, des vergers, des prairies, des champs de blé; plus haut, viennent les sombres sapins, les rhododendrons aux fleurs rouges; puis les arbres disparaissent tout à fait, et, enfin, quelques lichens fixés aux roches dénudées marquent les limites de la vie. (Kaemtz.)

Ainsi, de l'équateur aux pôles, du pied d'une montagne à son sommet, en latitude comme en altitude, on peut observer l'influence de la chaleur sur le développement de la vie à la surface du globe.

Résumé. — On peut résumer ce qui précède ainsi qu'il suit :

1° — La chaleur solaire détermine les variations de la température pour un même lieu pendant le jour et pendant l'année : la température de la journée est *maxima* vers deux heures, *minima* vers le lever du soleil; le *maxima* annuel a lieu en juillet, le *minima* en janvier ;

2° — La température varie pour les divers lieux avec la latitude, l'altitude, le voisinage de la mer, la configuration du sol, les vents habituels;

3° — L'abaissement de la température dans les hautes régions détermine la formation des neiges éternelles et des glaciers;

4° — Les variations de la température déterminent la distribution des animaux et des végétaux sur le globe.

Chaleur propre de la terre. — La chaleur solaire, avons-nous fait observer plus haut, ne pénètre pas au delà d'une très-faible épaisseur de la croûte terrestre. A une certaine profondeur, variable selon les lieux, d'autant plus grande qu'on s'avance plus près du pôle, la température est constante quelle que soit l'époque de l'année. Une observation familière permet de s'en rendre compte : chacun sait que si pendant l'été on descend dans une cave, on éprouve une sensation de fraîcheur, et que le contraire a lieu en hiver. Pourtant un thermomètre placé dans la cave indique sensiblement la même température en toute saison. Mais en été il fait plus chaud au dehors, tandis qu'en hiver il fait plus froid. Le thermomètre que La Hire, Cassini et Lavoisier placèrent dans la cave de l'Observatoire à Paris, où il se trouve encore, a constamment indiqué douze degrés environ.

Il faut conclure de là que l'intérieur de la terre ne reçoit pas sa chaleur du soleil et qu'elle a une chaleur qui lui appartient, une *chaleur propre*.

Température aux diverses profondeurs. — La température est constante à une même profondeur du sol dans un même lieu, mais elle augmente si l'on descend plus avant dans l'intérieur de la terre, et elle est d'autant plus élevée que la profondeur est plus grande. On en fit la remarque pour la première fois dans les mines voisines de Béfort, en 1740. Les mines sont en effet des lieux tout naturellement indiqués pour ce genre d'observations. Le forage des puits artésiens a également permis de constater non-seulement l'accroissement de la température avec la profondeur, mais encore la loi de cet accroissement. Pour ne citer qu'un exemple, le puits de Grenelle qui est d'une profondeur de 548 mètres, fournit de l'eau à la température de 28 degrés. On a conclu des observations faites dans divers puits ou mines, qu'à partir de la couche terrestre où la température est constante, celle-ci s'élève en moyenne d'un degré pour un accroissement en profondeur de 33 mètres.

On n'a pas pénétré encore jusqu'à un kilomètre dans l'intérieur du globe; mais si l'on suppose que l'accroissement de la température continue dans la même proportion, on doit trouver à trois kilomètres au-dessous du sol la température de l'eau bouillante. De la sorte, les nappes d'eau qui pénètrent dans l'intérieur de ces couches profondes sont constamment en ébullition. A vingt kilomètres, un grand nombre de substances se trouvent à l'état de fusion. La croûte terrestre serait donc limitée à une épaisseur de trente à quarante kilomètres, c'est-à-dire de huit à dix lieues, soit environ la 150e partie du rayon de la terre. On peut donc dire qu'il y a sensiblement le même rapport entre la terre et sa croûte qu'entre un œuf et sa coquille.

Et cependant, les nombres qui précèdent sont plutôt supérieurs qu'inférieurs aux nombres réels. Il est probable que la partie fluide de notre globe est plus près de la surface que des calculs trop peu certains ne le font supposer. D'abord, la partie intérieure de la terre que nous connaissons est un champ d'observation trop restreint, et ensuite, la plupart des phénomènes analogues à celui-ci portent à admettre une élévation de la température plus rapide que celle déduite de la proportion avec la profondeur. L'écorce terrestre sur laquelle nous vivons est donc une pellicule, pour ainsi parler, qui recouvre un océan de feu et de vapeurs diverses.

Preuves. — Sans doute il n'y a pas d'expérience directe qui justifie ce qui précède, mais les phénomènes naturels y suffisent largement. Les sources thermales, par exemple, ne prouvent-elles pas la température élevée de l'intérieur de la terre? Il en existe dont l'eau bouillante provient évidemment de couches placées plus profondément que celles où s'alimentent nos puits artésiens; les *geysers*, dont la température est encore plus élevée, ont leur origine dans des couches encore plus profondes. Enfin, les volcans, qui vomissent à l'état de ave incandescente les matières les plus rebelles à la fusion. ne sont-ils pas de véritables soupiraux en communication avec l' mmense fournaise dont les vapeurs agitent encore la croûte terrestre? Il n'est donc pas nécessaire, on le voit, de pénétrer plus avant dans le sein de la terre pour y puiser des renseignements plus précis. Ces faits, dont le point de départ a été si modeste, nous conduisent à la solution d'une des plus grandes questions que l'homme puisse se poser, celle de l'origine du globe.

Origine du globe. — A côté des volcans qui sont encore en activité, on en voit d'autres dont les éruptions ont depuis longemps cessé, les volcans éteints de l'Auvergne, par exemple. La terre s'est donc refroidie, et on comprend qu'elle continue à se refroidir puisqu'elle rayonne constamment sa propre chaleur dans l'espace, et qu'elle ne reçoit pas du soleil de quoi réparer ses pertes. Le feu intérieur par conséquent a été plus ardent qu'il ne l'est aujourd'hui.

Si l'on remonte par la pensée à travers les âges, on est tout naturellement amené à penser que la croûte terrestre, d'ailleurs si mince, n'a pas toujours existé, et qu'à une époque éloignée la terre a dû être une masse en fusion. C'est ce que prouve en effet sa forme ronde légèrement aplatie aux deux pôles et renflée à l'équateur.

On peut remonter encore plus haut et se représenter le globe à une température où les diverses substances qui le constituent ne sont plus à l'état liquide, mais à l'état gazeux. Ses dimensions sont alors considérables et son aspect est celui de ces masses d'apparence nuageuse que les astronomes nomment nébuleuses planétaires. A ce moment la terre est à peine détachée du soleil de qui elle tire son origine.

Résumé. — Ainsi :

1° — La terre a une chaleur propre qui augmente avec la profondeur, à raison de 1° par 33 mètres environ ;
2° — La chaleur terrestre prouve l'origine solaire de notre globe.

L'ÉLECTRICITÉ ET LES MÉTÉORES ÉLECTRIQUES.

I. — NOTIONS PRÉLIMINAIRES.

SOMMAIRE. — Premières observations.— Tous les corps peuvent être électrisés. — Corps isolants, corps isolés. — Les corps peuvent produire des quantités indéfinies d'électricité.— Attractions et Répulsions entre les corps électrisés. — Étincelle électrique, ses Effets. — Électricité par influence. — Électroscopes, Electromètres. — Distribution de l'électricité sur les corps bons conducteurs. — Résumé.

Premières observations. — C'est en frottant un morceau d'ambre contre un corps quelconque qu'on observa pour la première fois les curieux effets dont la cause a été nommée *électricité* (de *electron*, ambre). Après le frottement, l'ambre attire les autres corps, les repousse après les avoir touchés et peut leur communiquer la vertu attractive ou répulsive. Le diamant, le soufre, la résine partagent les mêmes propriétés.

On dit généralement que l'ambre frotté attire les corps *légers*, mais il peut attirer les corps *lourds ;* c'est uné question de degré dans la puissance électrique : il suffit d'un frottement plus énergique, d'une surface de frottement plus grande, pour obtenir des effets plus puissants.

Tous les corps peuvent être électrisés. — On avait d'abord cru que certains corps seulement possédaient la propriété électrique; on a reconnu depuis que tous les corps peuvent être le siége des mêmes phénomènes. Seulement il faut, pour les produire, prendre certaines précautions.

On se souvient que la chaleur se propage avec des vitesses très-variables dans les divers corps. Chez les uns, les métaux, par exemple, elle court d'une extrémité à l'autre : on les nomme pour cela *bons conducteurs* de la chaleur; chez les autres, au contraire, comme la laine, elle stationne ou ne se répand que lentement : ce sont les *mauvais conducteurs* de la chaleur. Or, il existe aussi de bons et de mauvais conducteurs de l'électricité : parmi les premiers on peut citer les métaux, l'eau, le corps des animaux ; parmi les autres, l'ambre, le diamant, etc. Si donc on frotte en le tenant à la main un fragment de métal, l'électricité développée gagne rapidement la main et par suite le sol où elle se perd. Un instant inappréciable a suffi pour que l'électricité naisse et disparaisse : on comprend donc qu'on ne peut rien observer. Mais si l'on frotte un morceau de cire à cacheter, le phénomène reste localisé dans le point frotté et ne va pas au delà ; dès lors il devient apparent.

Quelle précaution faut-il donc prendre pour observer les phénomènes électriques sur les corps bons conducteurs ? Il faut les fixer à un manche mauvais conducteur à l'aide duquel on les saisira. On fixera, par exemple, une tige métallique dans un manche de cire à cacheter.

Corps isolants, corps isolés. — Le corps mauvais conducteur, la cire déjà nommée, sert à séparer le bon conducteur, la tige métallique, d'un autre bon conducteur, la main ou le sol. La tige se trouve ainsi *isolée ;* le mauvais conducteur qui sert à l'isoler est dit *isolant.*

Tous les bons conducteurs doivent être isolés ; tous les mauvais servent d'isolants.

Les corps peuvent produire des quantités indéfinies d'électricité. — Tout corps peut devenir une source inépuisable d'électricité. De même qu'une cloche résonne indéfiniment sans que le son produit diminue en rien la matière de la cloche, de même un morceau de résine ou de soufre fournit indéfiniment de l'électricité pourvu qu'on le frotte. C'est un mouvement vibratoire des molécules du corps sonore qui produit le son ; ce sont sans doute aussi des vibrations d'une nature particulière qui produisent les phénomènes électriques.

Attractions et Répulsions entre les corps électrisés. — Les corps électrisés attirent d'abord les autres corps, mais là ne se bornent pas leurs effets. Le corps attiré, venant à toucher celui qui l'attire, en est repoussé. Un morceau de cire à cacheter frotté avec de la *laine* attirera une balle légère suspendue à un fil de soie ; puis, la balle ayant touché la cire, elle s'en éloignera aussitôt. On dit, pour rappeler ce fait, que *les corps qui sont dans un même état électrique se repoussent.*

On peut encore produire ce phénomène d'une autre manière : il suffit de prendre deux balles au lieu d'une, de les toucher toutes deux avec le même corps frotté, et de les placer en regard à une faible distance. Aussitôt on les voit s'écarter.

Mais si l'on frotte un second bâton de cire ou même le premier avec une *peau de chat,* la balle qui était repoussée dans le premier cas est maintenant attirée. Il en faut conclure : 1° que l'état électrique de la cire varie avec le corps frottant, ou, en généralisant, que *l'état électrique d'un corps varie avec le corps frottant ;* et 2° que *les corps qui sont dans un état électrique différent s'attirent.*

Ce n'est pas seulement avec le corps frottant, mais aussi avec le corps frotté, que varie l'état électrique. Quand on présente à la balle un bâton de verre frotté avec une peau de chat, elle se trouve attirée comme dans le cas précédent, de sorte que la cire frottée avec la laine et le verre frotté avec la peau de chat sont dans le même état électrique, ou, si l'on veut, produisent les mêmes effets.

Si les corps frottés sont de même nature, c'est alors la température, le sens du frottement, etc., qui influent sur l'état électrique.

Il y a donc deux états électriques possibles pour tous les corps. Ceux qui partagent le même état se repoussent, ceux qui se trouvent dans un état différent s'attirent. On dit plus généralement de deux corps qui produisent les mêmes effets électriques, qu'*ils sont chargés de la même électricité ;* en conséquence, pour le cas où ils produisent des effets contraires aux premiers, on dit qu'*ils sont chargés d'électricité contraire* à la première. On considère donc deux sortes d'électricité auxquelles on donne les dénominations de *positive* à l'une et de *négative* à l'autre.

Ajoutons que les attractions et les répulsions entre les corps électrisés sont d'autant plus énergiques qu'on les a plus fortement frottés ou que la *quantité d'électricité* est plus grande.

Étincelle électrique; ses Effets. — Lorsqu'on amène au contact deux corps électrisés l'un positivement, l'autre négativement et à dose égale, tout signe d'électricité disparaît sur chacun d'eux. Tant que l'électricité a peu d'intensité, la *neutralisation* n'est accompagnée d'aucun phénomène apparent, mais dans le cas contraire, avant même que le contact ne soit établi, un ensemble d'effets se produisent, parmi lesquels on distingue surtout le bruit et la lumière dont l'ensemble forme l'*étincelle électrique.*

Les effets de l'étincelle sont ou *mécaniques,* comme la rupture des corps qu'elle traverse, le transport d'une partie de la matière de ces corps, l'agitation des liquides et des gaz ; ou bien ils sont *caloriques,* comme l'échauffement, la fusion, la volatilisation même des corps métalliques ; ou encore *magnétiques,* par exemple, la déviation de l'aiguille aimantée et l'aimantation temporaire d'un fragment de fer. Tous ces effets, ainsi que le bruit et la lumière, sont *physiques ;* les effets caloriques à leur tour peuvent être l'occasion d'actions *chimiques,* comme l'inflammation des matières combustibles; mais l'étincelle peut en outre déterminer la combinaison ou la décomposition de certains corps; enfin, elle produit des secousses plus ou moins violentes et douloureuses dans le corps des animaux, qu'on désigne sous le nom d'effets *physiologiques*.

Électricité par influence. — L'action d'un corps électrisé sur les autres corps ne se manifeste pas seulement au contact; l'*influence* s'en fait sentir à une certaine distance et peut servir à électriser les corps environnants *influencés*.

Lorsqu'un corps est ainsi influencé, ses deux moitiés sont dans des états électriques opposés, c'est-à-dire que l'une des extrémités est électrisée positivement, l'autre négativement. L'extrémité voisine du corps qui influence est dans un état électrique opposé à celui de ce corps : la plus éloignée est par conséquent dans un état semblable.

L'influence est d'autant plus grande que les deux corps sont plus rapprochés. A mesure que la distance qui les sépare augmente, l'influence diminue, et elle cesse enfin lorsque l'intervalle est suffisamment grand. Si, après avoir développé par influence l'électricité dans un corps, on l'éloigne de la source qui l'a in-

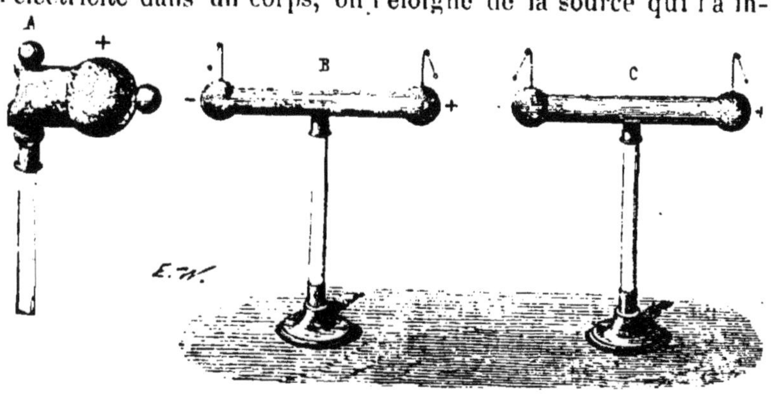

Fig. 38. — Appareils pour l'électrisation par influence.

fluencé, tout signe d'électricité disparaît dans le corps qui rentre dans son état *neutre*, et se trouve ainsi le siége d'un phénomène sur lequel nous allons bientôt revenir, le *choc en retour*.

Un corps influencé peut à son tour agir comme un corps électrisé : il peut influencer un second corps et celui-ci un troisième. Naturellement l'influence va diminuant de plus en plus et finit par devenir nulle.

1. A, source d'électricité; B, C, cylindres électrisés par influence.

Si, pendant qu'un corps est soumis à l'influence d'une source électrique, on vient à le toucher *en un point quelconque,* toutes ses parties se trouvent dans un même état électrique contraire à celui de la source, c'est-à-dire positivement ou négativement selon que la source est négative ou positive. De plus, il reste électrisé bien qu'on l'éloigne de la source.

C'est par des effets d'influence qu'on explique le mouvement des corps légers, attirés par un corps électrisé, puis repoussés après l'avoir touché. L'étincelle se produit également entre deux corps électrisés par suite de leur influence réciproque. Enfin, certains appareils propres à signaler l'existence de l'électricité, les *électroscopes* et les *électromètres,* sont également fondés sur l'électrisation par influence.

Électroscopes, Électromètres. — Ces appareils jouent, à l'égard de l'électricité, le rôle du thermomètre pour la chaleur.

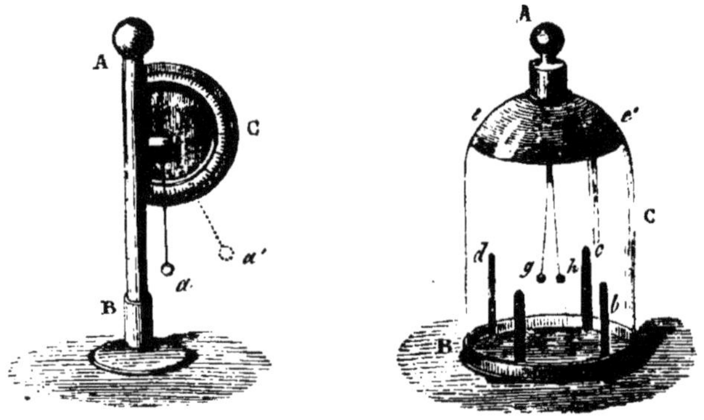

Fig. 39. — Électromètres[1], [2].

Ils nous permettent : 1° de savoir si un corps est électrisé ; 2° de connaître la nature de l'électricité ; 3° de juger de sa puissance électrique.

On emploie le plus souvent comme électroscope un corps léger, suspendu à un fil de soie, fixé lui-même à un support. Le corps léger est une petite balle, faite avec de la moelle de sureau. Vient-on à approcher un corps électrisé, il influence la balle et l'attire. Le mouvement de la balle indique donc *la présence de l'électricité.* A-t-on eu soin d'électriser préalablement la balle, elle sera attirée ou repoussée et indiquera par là même *la nature*

1. A, B, support; C, cadran; *a*, *a'* balle de sureau.

2. A, B, C, support; *g*, *h*, balles de sureau; *a*, *b*, *c*, *d*, lames métalliques destinées à augmenter l'écart; *e*, *e'* couverture métallique.

de l'état électrique. Enfin, on peut juger approximativement de la *puissance électrique* par la grandeur de l'écart de la balle.

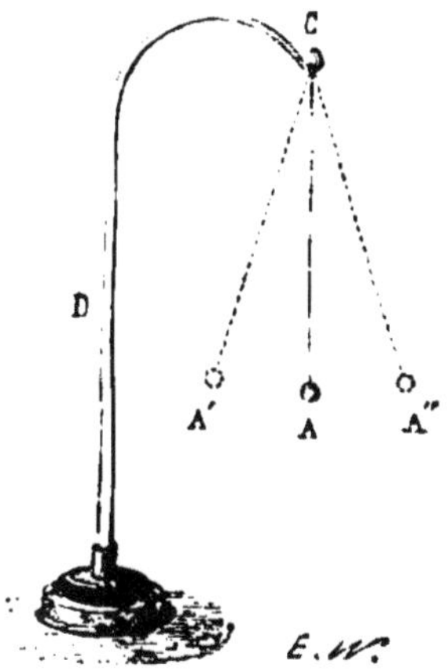

Au lieu d'une seule balle suspendue par un fil, on peut en employer deux, suspendues par deux fils parallèles et qui se touchent à l'état de repos. L'écart des deux balles est ici une mesure plus appréciable de la puissance électrique.

Enfin, au lieu de deux balles on peut prendre deux corps légers quelconques, deux fragments de paille ou de feuilles d'or.

Des parties accessoires sont destinées soit à protéger l'appareil contre les causes de déperdition de l'électricité, soit à en faciliter la manœuvre.

Fig. 40. — Électroscope [1].

Distribution de l'électricité sur les corps bons conducteurs. — Les phénomènes électriques se manifestent à la surface des

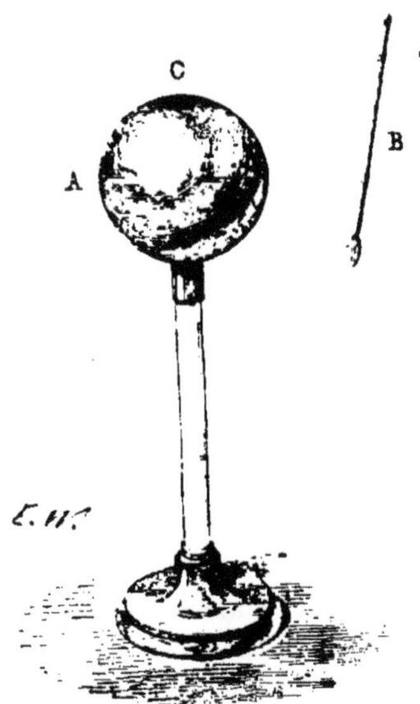

Fig. 41. — Appareil servant à montrer que l'électricité est à la surface des corps [2].

1. A, A', A'', balles de sureau ; C, D, support.
2. A, boule creuse; C, ouverture; B, plan d'épreuve.

corps, ou en d'autres termes *l'électricité réside à la surface des corps.* On s'en assure par des expériences diverses, par exemple en prenant une boule creuse, percée d'un trou et électrisée, que l'on touche successivement en deux points, l'un à l'intérieur, l'autre à l'extérieur. Dans le premier cas, on constate l'absence, et dans le second la présence de l'électricité.

L'appareil dont on se sert pour recueillir l'électricité ou *plan d'épreuve* se compose d'un disque métallique, de la grandeur d'une petite pièce de monnaie, fixé à l'extrémité d'un manche isolant (baguette de verre ou de cire) ; on s'en sert en quelque façon comme d'une cuiller.

L'électricité ne reste pas sur les corps; au bout d'un temps plus ou moins long, elle a complétement disparu. D'abord elle a comme une tendance à s'échapper, qui constitue la *tension* électrique; ensuite cette expansion peut être favorisée par des causes diverses. Ainsi, la pression atmosphérique s'oppose à la déperdition, et d'autant mieux qu'elle est plus forte; au contraire, sous le récipient de la machine pneumatique, un corps électrisé perd rapidement son électricité, et d'autant plus rapidement que l'air est plus rare. La couche d'air qui enveloppe un corps électrisé s'électrise à ses dépens et se renouvelle sans cesse; enfin l'humidité et les supports offrent à l'électricité un écoulement facile.

Il ne suffit pas d'avoir constaté que l'électricité est à la surface des corps, il faut encore examiner comment elle y est répandue selon la forme que les corps affectent. Or, le procédé d'expérience par le plan d'épreuve indiqué précédemment permet d'établir que :

1° Sur une boule l'état électrique est uniforme;

2° Sur un corps allongé, arrondi aux extrémités, la plus grande partie de l'électricité est aux extrémités; elle diminue à mesure qu'on avance vers le milieu où elle est nulle;

3° Sur une tige pointue, toute l'électricité s'accumule vers la pointe, mais elle n'y reste pas : elle s'échappe comme le ferait un liquide par un robinet ouvert.

Les arêtes, les aspérités, les angles jouent à des degrés divers le rôle de pointes : aussi dans la construction des machines ou appareils électriques tous les contours sont-ils arrondis.

On vérifie tantôt par l'observation, tantôt par l'expérience, *l'écoulement* de l'électricité par les pointes. A l'extrémité des mâts, pendant les orages, on voit la lueur nommée *feu Saint-Elme;* les pointes mises sur les machines montrent cette même lueur dans l'obscurité. La forme de la lueur varie avec l'état électrique: elle est tantôt allongée, dans le sens de la pointe, tantôt épanouie en travers. Enfin, il se produit un courant d'air venant de la pointe comme si celle-ci était l'extrémité d'un soufflet.

Résumé. — Il résulte de ce qui précède que :

1°. — Tous les corps peuvent être électrisés et produire des quantités indéfinies d'électricité;

2°. — Il y a deux états électriques possibles : tous les corps qui sont dans le même état se repoussent entre eux et attirent ceux qui se trouvent dans un état différent;

3°. — L'étincelle produit des effets physiques, chimiques et physiologiques;

4°. — Les corps peuvent être électrisés par influence ;

5°. — L'électricité est répandue sur les corps selon leur forme; les corps pointus la laissent échapper par leur pointe.

II. — LA PILE ET SES EFFETS.

SOMMAIRE. — La Pile; le Courant. — Pile de Bunsen; Éléments. — Pôles, Électrodes ou Rhéophores. — Effets de la Pile. — Résumé.

La Pile; le Courant. — Le frottement est loin d'être la seule source d'électricité, mais c'est la plus anciennement connue et la plus familière; c'est pourquoi nous avons d'abord étudié les phénomènes qui s'y rattachent. Aujourd'hui, on sait que la plupart des phénomènes, et surtout les actions chimiques, produisent de l'électricité. Il y a même cela de particulier que l'action chimique étant continue, tant qu'elle s'exerce, peut être assimilée à un frottement continu, et que, par suite, le développement de l'électricité est lui-même continu. Il se produit dans ces conditions comme un flux d'électricité qui se renouvelle sans cesse à mesure qu'on l'épuise, et que pour cette raison on a comparé à un fleuve et nommé *courant*.

Pile de Bunsen; Eléments. — Les appareils destinés à produire le courant se nomment *piles*. Le nombre en étant assez grand, nous ne décrirons que celui dont on fait le plus fréquent usage, la *pile* dite *à charbon* ou de *Bunsen*.

Une pile peut être réduite à un seul *élément*, mais en général elle est formée de plusieurs éléments réunis. Un élément de

Bunsen se compose de quatre pièces emboîtées les unes dans les autres selon l'ordre suivant : 1° un fragment de charbon, 2° un vase cylindrique en porcelaine poreuse, 3° un cylindre de zinc sans fond, 4° un vase en verre, en grès ou en faïence contenant le tout.

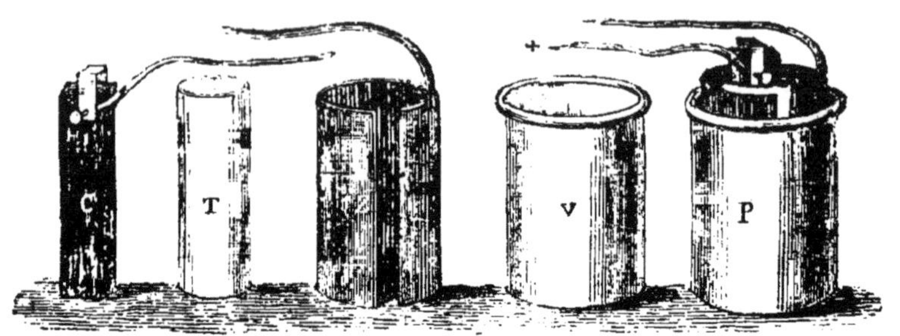

Fig. 42. — Les quatre pièces d'un élément Bunsen [1].

Bien que ces diverses parties s'emboîtent les unes dans les autres, il reste entre elles des intervalles que l'on remplit de liquide. Le zinc plonge dans de l'eau renfermant environ un dixième de son volume d'acide sulfurique [2]. Le vase poreux reçoit de l'acide azotique [3] qui baigne le charbon.

L'action chimique se passe d'une part entre le zinc et l'eau acidulée; le résultat, on le sait, est la production de l'hydrogène et la formation du sulfate de zinc; et, d'autre part, entre l'hydrogène résultant de cette première action et l'acide azotique, à travers le vase poreux.

Pour constituer une pile de plusieurs éléments, on réunit le zinc d'un premier élément au charbon d'un second, puis le zinc de celui-ci au charbon d'un troisième, et ainsi de suite. De la sorte le charbon du premier élément et le zinc du dernier sont libres. On peut également grouper plusieurs charbons ensemble ainsi que les zincs qui leur correspondent.

Pôles; Électrodes ou Rhéophores. — Le charbon et le zinc isolés sont les *pôles* de la pile, qu'il s'agisse d'un seul élément ou de plusieurs éléments associés. L'un des pôles, le charbon, est une source d'électricité positive, l'autre, le zinc, une source d'électricité négative; le premier se nomme *pôle positif*, le second *pôle négatif*. Dans les diverses piles les corps employés à pro-

1. C, charbon; T, vase de porcelaine; Z, zinc; V, vase devant renfermer le tout; P, l'élément constitué.

2. Vulgairement *huile de vitriol*.

3. Vulgairement *eau-forte*.

duire l'électricité diffèrent, et par conséquent la nature des substances qui constituent les pôles diffère également.

Les deux pôles sont mis en rapport à l'aide de deux fils métalliques fixés par une extrémité, l'un au charbon, ou pôle positif, c'est l'*électrode* ou *rhéophore*[1] *positif*, l'autre au zinc, ou pôle négatif, c'est l'*électrode* ou *rhéophore négatif*. Si on vient à rapprocher les extrémités libres des deux électrodes, les électricités se neutralisent au fur et à mesure qu'elles se produisent. L'ensemble des fils est donc traversé par le courant.

Effets de la Pile. — *Le courant produit de la chaleur.* On s'en assure en réunissant les électrodes à l'aide de fils métalliques qui s'échauffent, rougissent, fondent, se volatilisent suivant l'énergie de la pile. La chaleur développée est d'autant plus vive que le fil est plus court et plus fin. On peut, avec un nombre d'éléments suffisants, fondre les substances les moins fusibles, le charbon seul excepté. C'est la chaleur la plus intense qu'il nous soit donné de produire.

Le courant aimante le fer et l'acier. Lorsqu'on réunit les deux électrodes, c'est-à-dire qu'on *ferme* le courant, le fil de la pile attire la limaille de fer comme font les corps aimantés. Si on prend un morceau de fer, et qu'on enroule autour un grand nombre de fois le fil unique formé de la réunion des électrodes, le fer est aimanté pendant tout le temps que le courant reste fermé. Dès que l'on détache le fil, ou, selon l'expression usitée, qu'on *rompt* le courant, l'aimantation cesse instantanément. Mais pour que le phénomène se produise d'une manière complète, il faut que le fer soit pur : de petites quantités de substances étrangères suffisent pour ralentir l'action du courant pendant l'aimantation, ou pour conserver l'aimantation au fer après que l'action du courant a cessé. On donne habituellement au fragment de fer la forme d'un fer à cheval. Sur les deux branches parallèles se trouve enroulé un fil unique de cuivre de manière à figurer une double bobine. Ce fil qu'on ne sépare point du fer est mis en rapport par ses deux extrémités avec les électrodes au moment de l'expérience. Cet ensemble constitue l'*électro-aimant*.

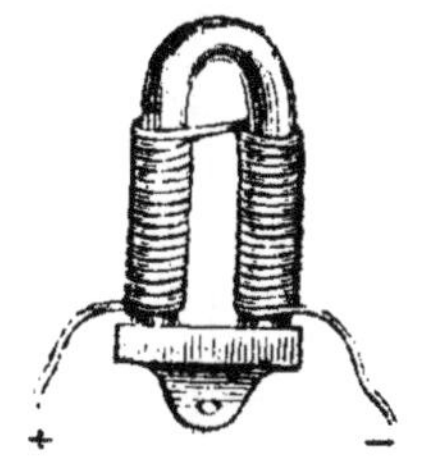

Fig. 43.
Électro-aimant.

Quand on prend de l'acier au lieu de fer, l'aimantation a encore lieu, mais seulement au bout d'un certain temps; elle n'est

1. De *rhéo*, couler, et *phéro*, porter : qui porte le courant.

pas instantanée comme dans le cas précédent; il est vrai qu'elle ne cesse pas en même temps que cesse l'action du courant, l'acier reste aimanté. C'est ainsi qu'on prépare les aiguilles et les barreaux aimantés.

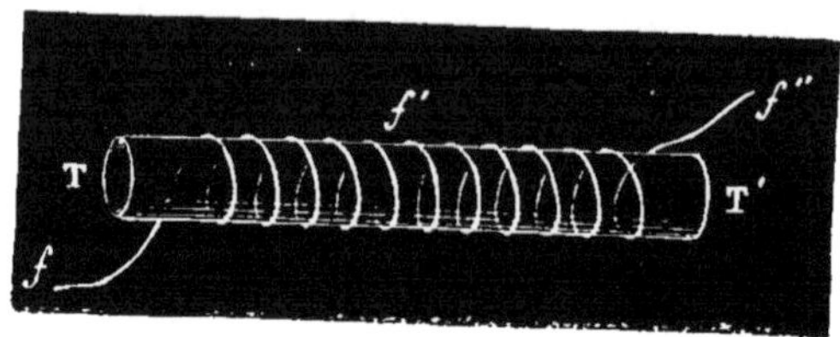

Fig. 44. — Disposition de l'aiguille pendant l'aimantation.

Enfin, le courant agit sur l'aiguille aimantée : il la fait dévier de la direction qu'elle garde dans un même lieu, et tend à la mettre en travers de sa propre direction. De la sorte, si l'on veut s'assurer qu'un fil métallique est traversé par un courant, il suffit d'en approcher une aiguille aimantée librement suspendue et de voir si elle est déviée. Un appareil, le *galvanomètre,* est fondé sur ce fait, et permet non-seulement de constater *l'existence* d'un courant dans un fil, mais encore le *sens* et *l'énergie* de ce courant.

Le courant est une source de lumière. Si l'on met en contact les extrémités libres des deux électrodes, on voit jaillir une étincelle; au moment où le contact cesse, une nouvelle étincelle se produit. On peut renouveler l'expérience autant de fois que l'on veut sans que le phénomène cesse de se produire.

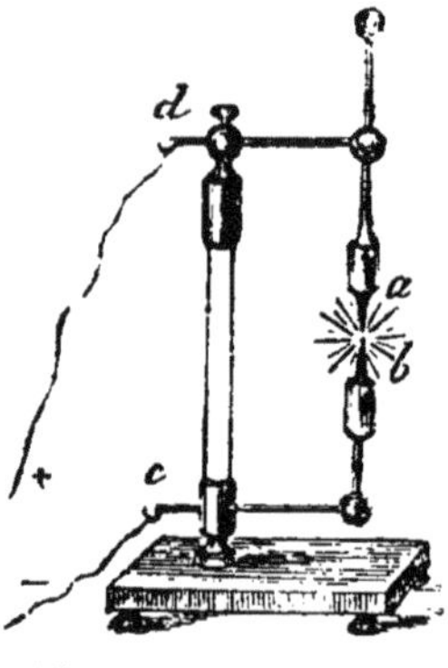

Fig. 45. — Disposition des charbons [1].

Mais la vraie *lumière électrique* s'obtient en mettant en rapport les extrémités libres des électrodes armés chacun d'un fragment de charbon. Les deux *charbons* sont d'abord amenés au contact, puis éloignés à une faible distance qui doit dès lors rester constante. Dans ce petit intervalle jaillit une lumière dont l'éclat dépasse de beaucoup toutes les sources lumineuses artificielles. Ce brillant foyer n'étant point, comme les combustions ordinaires, alimenté par l'air, continue à brûler dans un espace vide d'air et dans l'eau.

1. *cd,* support; *a, b,* pôles.

Le courant décompose les corps composés. Lorsqu'on amène dans un verre d'eau les extrémités des fils, on voit de nombreuses bulles de gaz se dégager du sein du liquide, à cha-

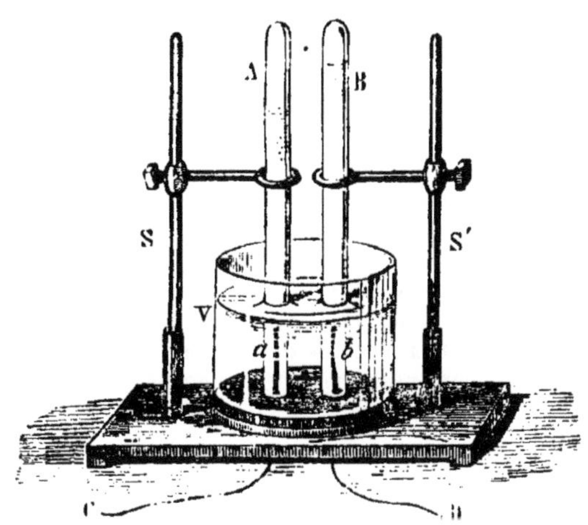

Fig. 46. — Appareil pour la décomposition de l'eau [1].

cun des électrodes, et s'élever jusqu'à la surface pour se mêler à l'air, à moins qu'on ne les recueille. Ce sont les bulles d'oxygène d'un côté, d'hydrogène de l'autre, dont l'eau se compose.

On peut également, en prenant des dispositions convenables, décomposer les autres composés *binaires :* la potasse en oxygène et en potassium, la soude en oxygène et en sodium, la chaux en oxygène et en calcium, etc. *On peut encore décomposer les corps* plus complexes qu'on nomme *sels;* enfin, il n'est pas de composés si rebelles qu'ils soient dont on ne parvienne à dissocier les divers éléments à l'aide de la pile. Par ses effets la pile a contribué pour une large part aux progrès récents de la chimie.

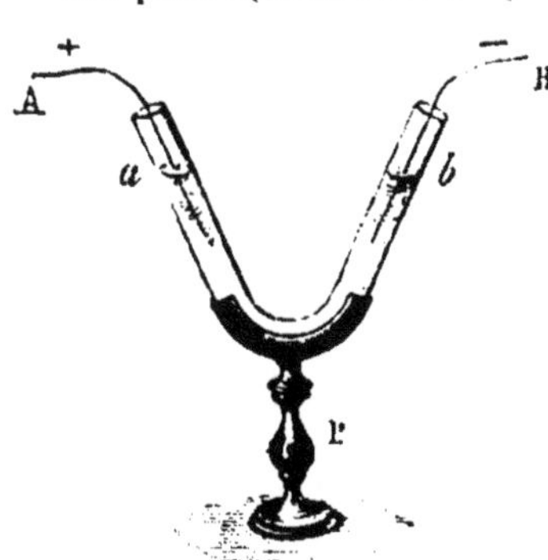

Fig. 47. — Appareil pour la décomposition des sels [2].

Enfin, *le courant agit sur les corps animés.* Tantôt son action se réduit à une sorte de frémissement, résultant d'une

1. Ca, Db, fils de la pile; V, verre; A, B, éprouvettes; SS', supports.
2. A, B, rhéophores; ab, sel en dissolution; E, support.

suite de faibles commotions qui parcourent les doigts ou les mains de la personne qui saisit les électrodes; tantôt elle détermine des commotions plus ou moins vives ou des contractions musculaires plus ou moins douloureuses.

Résumé. — Concluons que :

1°. — La pile donne naissance à un flux continu d'électricité qu'on désigne sous le nom de *courant*; elle est terminée par des pôles qui reçoivent les électrodes dans lesquels le courant se propage du pôle positif au pôle négatif;

2°. — La pile se compose d'un ou de plusieurs éléments qui varient selon la nature de la pile;

3°. — Le courant produit des effets divers : il développe de la chaleur; — aimante le fer et l'acier; — dévie l'aiguille aimantée; — produit de la lumière; — décompose les corps composés; — détermine des commotions dans les corps animés.

III. — L'AIMANT.

SOMMAIRE. — Aimantation par la pile; Aimants naturels, Aimants artificiels. — Pôles; leurs propriétés. — Attraction et Répulsion des Aimants; Aimantation par influence. — Action de la Terre sur les Aimants; Dénomination des Pôles. — Remarque. — Résumé.

Aimantation par la pile; Aimants naturels, Aimants artificiels. — Parmi les effets que produit le courant, nous avons signalé l'aimantation du fer et de l'acier, c'est-à-dire la propriété communiquée à ces corps d'attirer certains métaux et principalement le fer. Cette aimantation, nous l'avons vu, se manifeste subitement dans le fer et cesse dès que les causes qui l'ont déterminée ont elles-mêmes cessé d'agir; elle est au contraire lente à se produire dans l'acier, mais elle y est permanente. On donne à l'acier aimanté le nom d'*aimant artificiel* pour le distinguer de certains minerais de fer qui jouissent *naturellement* de la même propriété et qu'on nomme *aimants naturels*.

On peut d'ailleurs aimanter le fer et l'acier autrement que par la pile. Il suffit de mettre un fragment de fer en contact avec un aimant naturel ou artificiel pour en faire un aimant temporaire; il faut au contraire frotter un barreau d'acier pendant un certain temps avec un aimant quelconque pour qu'il devienne un aimant permanent. Ainsi, on le voit, la différence déjà constatée entre le fer et l'acier existe, quel que soit le procédé d'aimantation.

Pôles; leurs propriétés. — La force attractive d'un aimant n'est pas la même en tous ses points. Il y a vers chaque extrémité

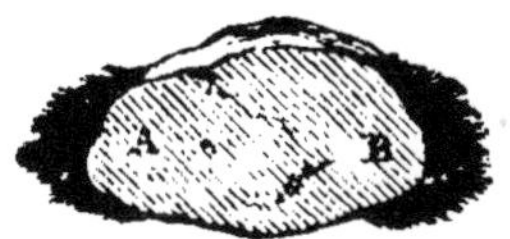

Fig. 18. — Aimant naturel [1].

un centre d'attraction qu'on nomme *pôle*, soit deux pôles pour chaque aimant. A partir des pôles l'attraction va diminuant jusqu'au milieu où elle est nulle. On le prouve en plongeant un aimant dans de la limaille de fer : on voit celle-ci se ramasser en houppes aux deux extrémités, tandis qu'elle ne s'attache pas dans la partie médiane.

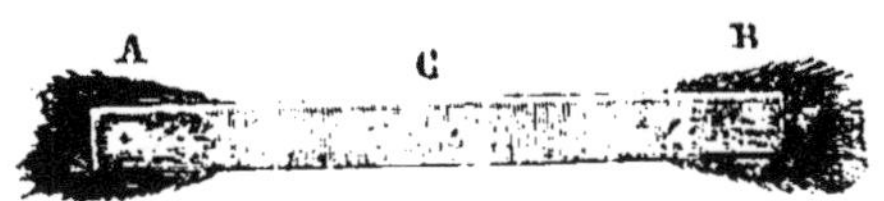

Fig. 19. — Aimant artificiel [2].

Lorsqu'on brise un barreau aimanté, non-seulement les fragments sont aimantés, mais chacun se trouve avoir deux pôles comme l'aimant entier. Il en est ainsi quel que soit le nombre des fragments, de sorte qu'on peut dire que chaque molécule est elle-même un aimant qui a ses deux pôles.

Attraction et Répulsion des Aimants; Aimantation par influence. — Les deux pôles d'un même barreau ne sont pas identiques; on peut les comparer à des corps chargés d'électricités contraires. Un barreau est donc analogue à un corps électrisé par influence d'une manière permanente et qui est positif à une extrémité, négatif à l'autre. Aussi, lorsqu'on présente successivement le même pôle d'un aimant à l'un et à l'autre pôle d'un second aimant, on reconnaît qu'il y a attraction dans un cas, répulsion dans l'autre. On peut agir inversement et présenter l'un des pôles du second aux pôles du premier; les mêmes phé-

1. A, B, pôles.
2. A, B, pôles; C, ligne neutre.

nomènes se reproduiront. Il y a donc des pôles qui s'attirent et des pôles qui se repoussent; nous allons voir plus loin comment on les reconnaît et comment on les dénomme.

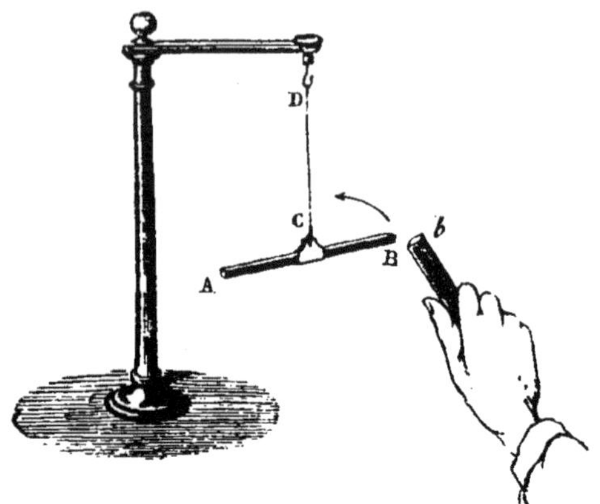

Fig. 50. — Répulsion des aimants [1].

Les attractions et les répulsions se manifestent à distance, ce qui montre l'*influence* exercée par l'aimant au dehors de lui. Cette influence s'exerce sur un morceau de fer et y développe

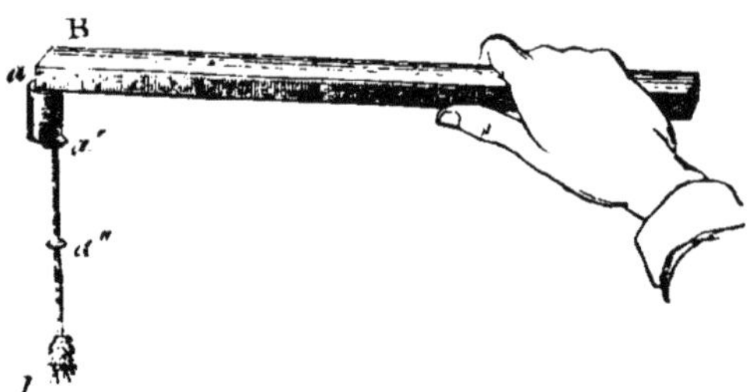

Fig, 51. — Aimantation par influence [2].

l'aimantation; à son tour le fragment ainsi aimanté agit sur un second, celui-ci sur un troisième; mais l'action diminue à mesure que la distance augmente comme il arrive pour l'électrisation par influence.

Enfin l'action d'un aimant, et en cela elle se différencie de

1. AB, barreau aimanté suspendu par le fil CD; *b*, pôle semblable à B d'un second barreau; la flèche indique le mouvement.

2. B, barreau aimanté; *a a'*, *a' a''*, *a'' l*, fragments de fer aimantés par influence; *l*, limaille de fer attirée.

l'électrisation, se manifeste sur le fer ou sur les aimants, même quand on interpose des corps entre l'aimant et les corps influencés, pourvu que ces derniers ne soient pas eux-mêmes susceptibles d'aimantation.

Action de la terre sur les Aimants ; Dénomination des Pôles. — Si l'on suspend une aiguille aimantée à l'aide d'un fil fixé en son milieu, on s'aperçoit qu'elle prend une direction déterminée à laquelle elle revient, lorsqu'on l'en écarte, par des

Fig. 52. — Boule aimantée pour montrer l'action directrice du globe.

oscillations répétées. Au lieu de la suspendre, on peut la poser sur un pivot ou encore la placer sur un morceau de liége flottant à la surface de l'eau. Elle prend, dans tous les cas, une direction constante.

Plusieurs aiguilles ainsi disposées dans un même lieu, et assez éloignées les unes des autres pour ne pas s'influencer mutuellement, prennent des directions parallèles et y reviennent en oscillant si on les en écarte. Transportées dans des lieux différents, il se peut qu'elles changent de direction, mais elles ne cessent pas d'être parallèles entre elles. Il y a donc une action générale qui s'étend sur tout le globe, puisqu'elle s'exerce sur toutes les aiguilles qui se trouvent dans les divers lieux. C'est donc à la terre qu'il faut attribuer la puissance qui dirige les aimants.

Pour nous rendre compte de la manière dont agit le globe, plaçons une aiguille au-dessus ou au-dessous, mais à une faible distance, d'un barreau aimanté, en la suspendant à un fil ou la posant sur un pivot. Nous la verrons se disposer parallèlement au barreau, les pôles en regard étant naturellement ceux qui s'attirent; l'écarte-t-on de cette direction, elle y revient après une série d'oscillations. Change-t-on la direction du barreau, l'aiguille suit ses mouvements de manière à lui être constamment parallèle.

De plus, tandis qu'au milieu du barreau l'aiguille est horizontale, elle s'incline de plus en plus lorsqu'on l'amène vers l'une ou l'autre extrémité, mais l'inclinaison a lieu dans un sens à

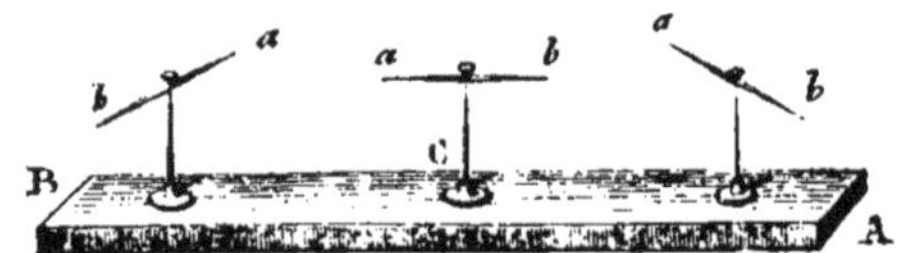

Fig. 53. — Position d'une aiguille aux divers points d'un barreau.

l'une des extrémités et en sens contraire à l'autre, les pôles de l'aiguille et du barreau qui s'attirent cherchant à se rapprocher le plus possible. De même à la surface du globe l'aiguille aimantée s'incline diversement selon qu'elle est plus ou moins près des pôles magnétiques, et devient verticale à ces pôles mêmes ou horizontale dans les points où leur action sur l'aiguille est la même.

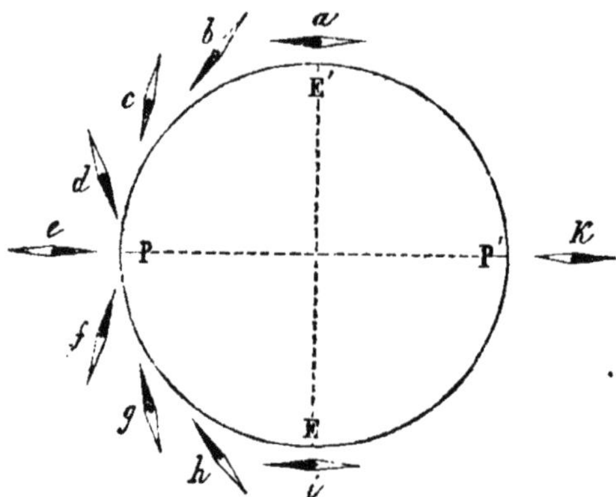

Fig. 54. — Position de l'aiguille aux divers points du globe.

Par conséquent, l'action qu'exerce le barreau sur l'aiguille est semblable à celle de la terre, et l'on peut dire que la terre agit comme un aimant puissant. La direction des aimants soumis à l'action de la terre étant sensiblement celle du nord-sud, il est tout naturel d'en conclure que c'est aussi celle de l'aimant terrestre; les pôles de ce dernier portent en conséquence les noms des pôles géographiques, c'est-à-dire *boréal* ou *nord, austral* ou *sud.*

On a donné les mêmes noms aux pôles des aimants : tout

pôle tourné vers le nord se nomme pôle *sud* ou *austral*, en conséquence l'autre pôle est qualifié de *nord* ou *boréal*.

Remarque. — Il semblerait plus naturel de donner à chaque pôle d'un aimant le nom du pôle terrestre vers lequel il se dirige, d'appeler pôles nord tous ceux qui regardent le nord. En leur donnant le nom contraire on se fondait sur une hypothèse analogue à celle des deux sortes d'électricités. Les électricités de nature contraire s'attirant, on avait supposé des substances contraires dans les extrémités des barreaux entre lesquelles il y a attraction, et par suite des substances de nature semblable dans les pôles entre lesquels il y a répulsion.

Nous pouvons dire maintenant que tous les pôles dirigés d'un même côté se repoussent entre eux et attirent ceux qui se dirigent en sens contraire. C'est ce qu'on énonce encore de la manière suivante : *les pôles de même nom se repoussent, ceux de noms contraires s'attirent.*

Résumé. — Ce qui précède se résume ainsi :

1°. — Il y a deux sortes d'aimants, les uns naturels, les autres artificiels ;

2°. — Ces derniers s'obtiennent à l'aide de deux procédés : 1° au moyen de la pile ; 2° par le frottement ;

3°. — L'action des aimants sur les corps susceptibles d'être aimantés s'exerce par influence et à travers les corps non susceptibles d'aimantation ;

4°. — Les aimants ont deux centres d'attraction, les pôles, qui agissent les uns sur les autres par attraction ou par répulsion ; ces pôles portent le nom des pôles terrestres, car ils sont soumis à l'action de la terre, laquelle est analogue à celle d'un aimant.

IV. — L'ORAGE.

SOMMAIRE. — Analogie de l'Étincelle et de la Foudre. — Électricité atmosphérique ; Causes qui la produisent. — L'Orage ; l'Éclair ; le Tonnerre. — Résumé. — La Foudre et le Paratonnerre. — Le Choc en retour. — Coups de Foudre remarquables. — La Grêle et le Grésil. — La Trombe. — Résumé.

Analogie de l'Étincelle et de la Foudre. — Entre les effets de l'étincelle électrique et ceux de la foudre il n'y a qu'une différence d'intensité. L'étincelle produit des effets mécaniques : elle perce une carte, une planchette, une lame de verre ; la foudre fend les arbres, les murs, brise les rochers. — L'étincelle produit des effets physiques : elle échauffe, fond, volatilise des fils métalliques, elle enflamme les corps très-combustibles, elle aimante le fer et l'acier ; la foudre fond et volatilise les diverses pièces métalliques qui entrent dans la construction des édifices, elle allume des incendies, elle aimante les barreaux de fer et modifie profondément les barreaux aimantés; elle opère la combinaison de l'hydrogène et de l'oxygène; elle détermine dans l'atmosphère la formation de l'azotate d'ammoniaque que renferment les pluies d'orage. — L'étincelle produit des secousses plus ou moins fortes dans les corps organisés; la foudre frappe souvent de mort les individus qu'elle atteint. Ainsi, il n'y a pas seulement de l'analogie entre ces divers effets, on peut dire qu'ils sont identiques. A la lumière de l'étincelle correspond l'éblouissement de l'éclair, au léger craquement qu'elle fait entendre correspondent les éclats du tonnerre; la foudre ou le tonnerre[1] n'est donc qu'une immense étincelle.

Électricité atmosphérique ; Causes qui la produisent. — Le tonnerre montre bien que les nuages renferment de l'électricité, mais lors même qu'aucun phénomène n'en révèle la présence. l'atmosphère et le sol sont plus ou moins électrisés. C'est ce qu'on met en évidence à l'aide d'électroscopes surmontés d'une pointe et d'une sorte de toiture métallique formant un abri. L'atmosphère environnante, se trouvant électrisée, agit par influence sur l'appareil, appelle vers la pointe, par où elle s'écoule, l'électricité contraire à la sienne et refoule dans les pailles qui s'écartent l'électricité semblable.

Pour atteindre des régions différentes de l'atmosphère on fixe une flèche à l'extrémité d'un fil métallisé dont l'autre extrémité est liée à la tige de l'électromètre. Prenant ensuite un arc, on lance la flèche dans des directions variées comme pour l'envoyer puiser l'électricité dans des points divers de l'atmosphère, et on constate chaque fois l'écart plus ou moins grand des pailles de l'électromètre.

On a observé que l'électricité est tantôt positive, tantôt négative, plus particulièrement positive quand le temps est beau. La quantité d'électricité varie aussi avec l'heure du jour et avec la région.

Du moment qu'il est constant que l'atmosphère, les nuages et le sol sont électrisés, on peut se demander quelle est l'origine

1. La foudre et le tonnerre sont un seul et même phénomène; seulement on le nomme *tonnerre* tant qu'il se passe dans l'atmosphère, et *foudre* lorsqu'il atteint le sol.

de cette électricité. Nous la trouvons dans tous les phénomènes naturels : le frottement des couches d'air, soit entre elles, soit avec le sol; l'évaporation des eaux du globe et la condensation des vapeurs en pluie ou en rosée; les diverses actions chimiques auxquelles donne lieu la vie des plantes et des animaux; la combinaison des éléments de l'air ou de l'eau avec un grand nombre de corps, etc.

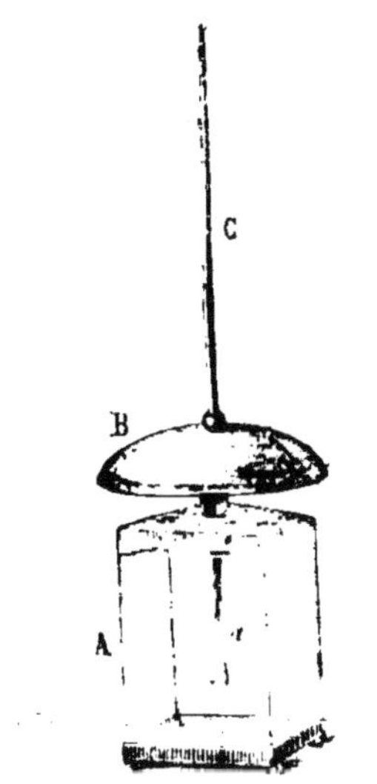

Fig. 55. Électroscope à pointe [1].

On peut s'étonner au premier abord de la grande quantité d'électricité produite par des causes en apparence si faibles, mais si chaque goutte d'eau *salée* fournit une dose presque insensible d'électricité, le nombre de ces gouttes est pour ainsi dire infini. On peut en dire autant des autres sources de l'électricité atmosphérique : c'est une accumulation de quantités très-faibles et en nombre immense.

L'Orage; l'Éclair; le Tonnerre. — L'électricité répandue dans l'atmosphère se localise dans les nuages et se répand à leur surface comme sur les corps bons conducteurs. Les nuages sont donc électrisés plus ou moins fortement et de manières différentes, les uns positivement, les autres négativement. Ils peuvent d'ailleurs s'influencer mutuellement, et un nuage électrisé suffit pour en électriser d'autres. Ces nuages concourent à la production de l'orage.

L'orage se déclare généralement à la suite de grandes chaleurs et dans la seconde moitié du jour. L'humidité répandue dans l'air, la température élevée qui règne, l'état électrique et le calme de l'atmosphère, tout concourt à produire en nous un abattement et un malaise qui nous fait dire que le temps est *lourd*. Bientôt de petits cumulus se montrent çà et là; ils grossissent rapidement comme par une sorte de fermentation, en réalité ils attirent à eux la vapeur environnante, qui se précipite rapidement à l'état de vapeur visible; enfin ils se soudent par leurs

1. C, pointe; B, toiture pour abriter la cage; A, cage de verre; *a*, lames d'or ou pailles.

bords et forment le nimbus orageux. La masse des nuages augmente, le nimbus s'épaissit et le ciel s'assombrit de plus en plus.

Pendant que les nuages s'assemblent, on entend déjà les grondements sourds, parce qu'ils sont lointains, du tonnerre, et le ciel s'illumine des reflets d'éclairs encore éloignés. Le grondement devient de plus en plus accentué, les reflets des éclairs plus vifs. Puis de véritables éclairs illuminent subitement toute la masse des nuages et les éclats du tonnerre se produisent avec force. La pluie a suivi la même marche ascendante : d'abord les gouttes sont larges et espacées, puis elles tombent plus rapprochées, plus abondantes et plus rapides, surtout après chaque coup de tonnerre. Les nuages s'abaissent, les éclairs sont éblouissants et se succèdent à de courts intervalles, presque aussitôt suivis de coups de tonnerre retentissants. Le phénomène ne se produit pas seulement au sein des nuages ; le choc jaillit entre ceux-ci et le sol, ce qu'on exprime en disant que *le tonnerre est tombé* en tel lieu. L'orage est alors dans toute sa force et dure ainsi un temps variable. Il entre ensuite dans la période de décroissement : les éclairs deviennent plus rares et plus pâles, les éclats du tonnerre moins violents, la pluie moins abondante, les nuages se dissipent et le ciel s'éclaircit.

En suivant la marche et les progrès de l'orage pendant la période croissante, on peut en général prévoir quelle en sera à peu près la durée. Le temps écoulé depuis l'apparition des premiers éclairs jusqu'au moment où l'orage est dans toute sa force est sensiblement égal au temps qu'il mettra à se dissiper. De plus, l'intervalle de temps compris entre l'instant où l'éclair apparaît et le moment où le tonnerre se fait entendre permet d'évaluer à peu près la distance qui sépare l'observateur de l'orage. Il suffit de multiplier le nombre de secondes écoulées entre la lumière et le bruit par 340 qui représente le nombre de mètres que parcourt le son en une seconde, et on obtiendra la distance.

On constatera facilement que l'intervalle va en diminuant jusqu'au moment où l'orage éclate au-dessus de la tête du spectateur, et qu'à partir de ce moment il va en augmentant jusqu'à la fin du phénomène.

Malgré la violence de quelques orages de nos contrées, on ne saurait se faire une idée des orages tropicaux. L'éclat, la grandeur et la rapidité du phénomène, tout concourt à le rendre imposant et terrible. Il tombe alors d'énormes quantités d'eau en un temps si court que, si l'orage éclate près du rivage de la mer, on peut puiser de l'eau douce à la surface de l'eau salée.

L'éclair qui résulte du rapprochement de deux corps chargés d'électricité de nature contraire affecte sensiblement la forme en zigzag, qui est la plus connue. On reproduit artificiellement cette étincelle avec sa forme et sa couleur à l'aide de puissantes machines électriques. Il s'étend sur des espaces variables, dans des directions diverses, verticales, horizontales ou inclinées.

L'éclair, de même que toutes les étincelles d'une certaine étendue, suit tout naturellement dans sa marche non le chemin le plus court mais le plus commode, c'est-à-dire le meilleur conducteur. La vapeur d'eau rend l'air meilleur conducteur; or, elle n'est pas uniformément répandue dans l'atmosphère, et dès lors les parties les plus humides forment tout naturellement la route de l'électricité.

Outre l'éclair ordinaire, il arrive souvent qu'on n'aperçoit que le reflet d'éclairs éloignés; ce sont des lueurs assez douces et rougeâtres qui illuminent une grande étendue du ciel; mais ces mêmes lueurs peuvent être des décharges électriques se produisant sur un grand espace, et perdant en intensité ce qu'elles gagnent en étendue.

Enfin, il existe des météores que l'on regarde comme une sorte d'éclairs et qui portent, à cause de leur forme, le nom d'*éclairs en boule*. Ils ont l'apparence d'une nébulosité et se font remarquer par la lenteur de leur marche. Ils éclatent au bout d'un certain temps et lancent dans des directions diverses des éclairs en zigzag.

Voici la description qu'en a faite M. Babinet, d'après un témoin oculaire :

Après un assez fort coup de tonnerre, le témoin, dont la profession est celle de tailleur, étant assis à côté de sa table, vit tout à coup le châssis garni de papier qui fermait la cheminée s'abattre, comme renversé par un coup de vent assez modéré, et un globe de feu, gros comme la tête d'un enfant, sortir doucement de la cheminée et se promener lentement par la chambre, à peu de hauteur des briques du pavé. L'aspect du globe de feu était encore, suivant l'expression de l'ouvrier tailleur, celui d'un jeune chat de grosseur moyenne, pelotonné sur lui-même, et se mouvant sans être porté sur ses pattes. Il était plutôt brillant et lumineux qu'il ne semblait chaud et enflammé, et le témoin n'eut aucune sensation de chaleur. Ce globe s'approcha de ses pieds, mais il écarta les pieds, et, par plusieurs mouvements, évita le contact du météore. Celui-ci paraît être resté plusieurs secondes autour des pieds du témoin assis, qui l'examinait attentivement, penché en avant et au-dessus. Après avoir essayé quelques excursions dans divers sens, sans cependant quitter le milieu de la chambre, le globe de feu s'éleva verticalement à la hauteur de la tête de l'ouvrier qui se redressa en se renversant sur sa chaise. Arrivé à environ un mètre au-dessus du pavé, le globe de feu s'allongea un peu et se dirigea obliquement vers un trou percé dans la cheminée, décolla le papier sans l'endommager, et remonta assez lentement dans la cheminée. Arrivé en haut à vingt mètres du sol de la cour, il produisit une explosion épouvantable, qui détruisit une partie du faîte de la cheminée et en projeta les débris dans la cour.

Citons encore un exemple :

Un observateur, M. Hubert, raconte que le 17 juin 1839, se trouvant au château de Goury, un orage se déclara avec un commencement de trombe. La foudre tomba, et M. Hubert regardant à l'endroit frappé vit une petite boule de feu de la grosseur d'une forte bille d'enfant. Cette boule descendit en sautillant et offrait l'aspect d'un morceau de potassium brûlant sur l'eau. Elle éclata ensuite et disparut en brisant quelques ardoises.

A moins que l'éclair ne soit une dissémination de l'électricité dans l'espace ou qu'il ne se produise à une très-grande distance, il est accompagné ou suivi du tonnerre. Accompagné si le lieu de l'explosion est proche, suivi si le lieu est éloigné, et l'intervalle est alors d'autant plus grand que le lieu est plus éloigné.

La nature du bruit est très-variable : tantôt c'est un seul coup sec et violent si l'on se trouve tout près du point frappé; tantôt c'est un coup suivi de grondements qui se renforcent ou s'affaiblissent comme des vagues sonores. Ces ondulations du bruit peuvent être expliquées par ce fait que le son traverse des milieux de nature ou de densité différentes, de l'air plus ou moins condensé par exemple, ou de l'air et de la vapeur; or, chaque fois qu'un son en se propageant change de milieu, il change en même temps d'intensité.

Plusieurs coups de tonnerre successifs semblent annoncer une série de décharges comme une sorte de feu de peloton; si l'éclair a une certaine étendue, on doit entendre successivement le bruit produit sur les divers points de son trajet. Enfin, l'écho peut augmenter l'intensité du bruit et en varier les effets; aussi, dans les pays montagneux, les éclats du tonnerre ont-ils une puissance qu'on ne connaît pas dans la plaine.

Résumé. — Concluons que :

1°. — La nature de la foudre est identique à celle de l'étincelle;
2°. — Il existe dans l'atmosphère de l'électricité qui provient de causes diverses, à savoir : l'évaporation des eaux, la condensation des vapeurs; les diverses actions chimiques;
3°. — L'orage est une pluie accompagnée de phénomènes électriques; les éclairs ont la forme de zigzag, ou bien ce sont des lueurs ou encore des nébulosités arrondies; le bruit du tonnerre varie d'éclat et de nature, selon la distance à laquelle on se trouve de l'orage et l'état des couches d'air traversées par le son.

La Foudre et le Paratonnerre. — Lorsqu'un nuage électrisé stationne au-dessus d'un édifice, d'un arbre ou d'un monticule, en un mot d'un point plus rapproché du nuage que les points environnants, le point culminant se trouve électrisé par influence et la foudre peut alors le frapper. Naturellement l'influence est d'autant plus énergique que la distance entre le nuage et l'objet terrestre est plus faible; aussi la foudre tombe-t-elle plutôt sur un clocher que sur une maison, sur un arbre que sur le sol.

Pour abriter un édifice contre la foudre, on applique la propriété que nous avons signalée dans les pointes de laisser écouler l'électricité des corps sur lesquels elles sont placées. Ces pointes prennent le nom de *paratonnerres*. La première application en a été faite par Franklin. Mais la pointe ne suffit pas : une barre de fer ou un faisceau de fil du même métal part du pied de la tige, et longeant la toiture et les murs descend dans l'intérieur du sol où il pénètre en se divisant en plusieurs branches. Ce point du sol doit être un puits communiquant avec une nappe d'eau assez étendue, afin que l'électricité puisse s'y perdre.

Lorsqu'un nuage exerce son influence sur un édifice muni d'un paratonnerre, il en décompose l'électricité neutre, appelle l'électricité contraire à la sienne qui arrive sur le paratonnerre, par où elle s'écoule pour aller neutraliser celle du nuage qui, dès lors, devient inoffensif. En même temps, par la base de ce même conducteur, s'écoule en sens contraire, c'est-à-dire vers le sol où elle se perd, de l'électricité semblable à celle du nuage. Voilà pourquoi il importe qu'aucune interruption n'existe dans le conducteur.

Autant un paratonnerre est utile lorsqu'il est en bon état, autant il est dangereux si son conducteur est rompu. Alors, en effet, le flux d'électricité qui descend ne dépasse pas le point où est la rupture, s'y amasse et agit sur la maison qu'elle touche pour ainsi dire. C'est donc comme si l'on amenait la foudre dans l'édifice que le paratonnerre est censé protéger.

On admet qu'un paratonnerre protége l'espace qui l'environne dans un rayon égal à deux fois sa hauteur. Mais ce qui convient le mieux pour une protection efficace, c'est de multiplier ces appareils le plus possible en reliant entre eux leurs conducteurs.

Le Choc en retour. — Il arrive dans certains cas qu'un individu tombe foudroyé, bien qu'il se trouve à une assez grande distance d'un point frappé par la foudre. Dans ce cas le nuage orageux occupe tout l'espace qui s'étend depuis le point frappé jusqu'à la personne atteinte en quelque sorte indirectement. Tout cet espace est donc soumis à son action, mais tous les points du sol ne sont pas à égale distance du nuage, et l'éclair jaillit tout naturellement entre les deux points les plus voisins, par exemple entre le sommet d'une colline et le nuage. Au même instant la personne tombe, parce que l'influence à laquelle elle était soumise a cessé. Il se passe dans son corps ce que nous avons observé plus haut dans un cylindre soumis à l'influence d'un corps électrisé, et qu'on éloigne de manière à le soustraire à cette influence. Aussitôt les électricités séparées se rejoignent. L'individu est en quelque sorte foudroyé intérieurement : c'est là *le choc en retour.*

Citons à l'appui le fait rapporté par Brydone. A la suite d'une belle matinée, dit-il, les nuages se montrèrent et il y eut quelques éclairs accompagnés de tonnerre. Tout à coup on entendit une forte détonation sans qu'il y eût d'éclair. Un charretier et ses chevaux tombèrent foudroyés. Un autre charretier qui suivait le premier avait vu tomber les chevaux *sans apercevoir d'éclair* et sans éprouver de commotion. Dans le voisinage, un berger qui faisait paître ses moutons avait vu, un quart d'heure avant, un agneau tomber mort, et lui-même avait cru sentir une flamme passer devant son visage. Cela se passait à 2700 mètres de l'endroit où avait été frappé le charretier. Une femme qui coupait de l'herbe à peu de distance éprouva une forte commotion dans le pied et tomba.

Coups de Foudre remarquables. — Nous croyons utile de citer ici quelques coups de foudre qui n'offrent pas seulement un intérêt de curiosité, mais sont de nature à confirmer ce qui a été dit précédemment, et à montrer la variété des effets produits par la foudre.

Voici un premier exemple qui montre la puissance des effets :

Fig. 56. — Le paratonnerre et son conducteur dont l'extrémité inférieure plonge dans l'eau d'un puits.

Près de Manchester, à Swinton, un petit bâtiment en briques, servant à emmagasiner du charbon de terre, et terminé à sa partie supérieure par une citerne, était adossé contre une maison. Les murs avaient trois pieds d'épaisseur et onze de hauteur. A la suite d'un violent coup de foudre, le mur extérieur du petit bâtiment fut arraché de ses fondations, soulevé en masse, et transporté verticalement, sans avoir été renversé, à quelque distance de la place qu'il occupait d'abord; l'une de ses extrémités avait marché de neuf pieds, l'autre de quatre. Le mur ainsi soulevé et transporté se composait, sans compter le mortier, de sept mille briques, et pouvait peser environ vingt-six tonnes.

Comme exemple d'un coup de foudre ayant atteint un grand nombre de victimes, nous citerons celui qui frappa l'église de Châteauneuf-les-Moustiers, le 11 juin 1819. Ce jour-là, vers les dix heures et demie, le temps était beau, seulement on remarquait quelques gros nuages. La population était rassemblée dans l'église lorsqu'on entendit tout à coup trois détonations de tonnerre. Le missel fut enlevé des mains du chantre et mis en pièces; il se sentit lui-même enveloppé par la flamme. Après avoir jeté de grands cris, il ferma la bouche, fut renversé, roulé sur les personnes rassemblées dans l'église, qui toutes avaient été terrassées, et jeté ainsi hors la porte. Le curé était asphyxié et sans connaissance, son surplis enflammé, la boucle de métal d'un de ses souliers avait été brisée et le soulier porté à l'extrémité de l'église, son siége brisé; son corps était labouré plus ou moins profondément par cinq blessures, ses bras paralysés, et pendant deux mois il souffrit d'une insomnie absolue.

Un jeune enfant fut arraché des bras de sa mère et porté à six pas plus loin. Tout le monde avait les jambes paralysées, toutes les femmes étaient échevelées. Huit personnes restèrent sur la place, une autre expira le lendemain, quatre-vingt-deux personnes furent blessées. Le prêtre célébrant, couvert d'ornements en soie, ne fut point frappé. Enfin, on trouva dans l'église une excavation d'un demi-mètre de diamètre prolongée sous les fondements du mur jusque sur le pavé de la rue, et une autre qui débouchait dans une écurie où gisaient morts cinq moutons et une jument.

Citons encore le coup de foudre dont fut frappé le paquebot le *New-York*, le 19 avril 1827, parce qu'il présente des faits particuliers et curieux, qu'on ne rencontre pas dans les cas où la foudre tombe sur la terre. Il était cinq heures du matin lorsqu'un bruit semblable à un coup de canon de gros calibre se fit entendre. Au même instant toutes les parties du vaisseau furent remplies d'une épaisse fumée qui suffoquait. Il était déjà grand jour, mais les nuages qui enveloppaient de toutes parts le navire étaient si noirs et si épais qu'ils produisaient une obscurité profonde. La pluie, mêlée de grêle, tombait par torrents, de nombreux éclairs brillaient suivis immédiatement de coups de tonnerre.

La mer était agitée d'une manière violente et irrégulière, on eût dit un bouillonnement continuel produit par un grand nombre de petits volcans sous-marins. Trois colonnes d'eau s'élançant dans les airs retombaient en écumant dans la mer, qu'elles agitaient avec force. D'immenses nuages de vapeur s'élevaient de la mer et formaient dans l'air une multitude de colonnes grisâtres : on eût dit d'innombrables piliers supportant la voûte massive des nuages qui couvraient le navire...

La tempête se calma, mais pour recommencer bientôt après. Les boussoles furent désaimantées, les outils en acier et en fer s'aimantèrent, des tuyaux de plomb furent fondus, etc. Enfin, un effet physiologique intéressant qu'on ne saurait passer sous silence, c'est qu'à la suite des violents coups de foudre qui frappèrent le vaisseau, un passager vieux et infirme, et qui était resté couché, fut soulagé par les deux fortes décharges d'électricité et put ensuite se livrer à l'exercice de la promenade dont il était privé depuis trois ans. Il eut pendant quelques instants un dérangement dans ses facultés intellectuelles, mais elles se rétablirent en peu de temps.

La Grêle et le Grésil. — L'orage est assez souvent accompagné de *grêle* et de *grésil*. Nous avons déjà eu occasion de parler de ces météores, il nous reste maintenant à dire quelle est la part attribuée à l'électricité dans leur production. Volta admettait qu'une neige fine est le noyau primitif des grêlons, que ces noyaux oscillent entre deux nuages inversement électrisés et peu distants, en quelque sorte comme des balles qui seraient renvoyées de l'un à l'autre. Pendant ce mouvement de va-et-vient, ils condensent à leur surface la vapeur d'eau environnante qui se solidifie au contact du noyau glacé, comme il arrive sur les parois d'une carafe d'eau *frappée* qu'on apporte dans une chambre. Ainsi se forment les couches de glace concentriques que l'on observe le plus souvent dans les grêlons.

Si la grêle tombe au moment des fortes chaleurs, on ne saurait maintenant en être surpris, puisqu'on sait que les hautes régions de l'atmosphère sont toujours froides, et que, de plus, les vents sont une cause d'évaporation assez active pour déterminer un très-grand refroidissement.

Bien qu'on puisse élever des doutes sur l'explication donnée par Volta, on ne saurait nier que les grêlons restent suspendus pendant un temps plus ou moins long dans l'atmosphère. Leur suspension dans l'air, malgré leur poids assez considérable, s'explique par la violence des vents électrisés qui y règnent. Le transport des grêlons et les chocs nombreux qui en résultent déterminent le bruit qu'on a cru entendre avant leur chute, bruit qu'on a comparé à celui que produiraient des sacs de noix vidés d'une certaine hauteur. Dans leur marche rapide, les grêlons en se heurtant se brisent ou se déforment plus ou moins, se soudent quelquefois et forment alors ces agglomérations dont le poids atteint jusqu'à une livre.

Ce qui précède est confirmé par ce fait, que les averses de grêle durent peu, et que dans les pays montagneux, où les courants d'air sont plus violents, et par suite les variations de température plus rapides, la grêle est aussi plus abondante et plus fréquente.

Un des orages à grêle les plus désastreux est celui du 13 juillet 1788, qui s'étendit sur une surface de terrain d'environ deux cents lieues de long sur plusieurs lieues de large, traversant la France, du sud-ouest au nord-est. Une nuée noire et peu élevée répandit une obscurité profonde; en même temps un bruissement assourdissant se fit entendre : c'étaient les grêlons qui s'entrechoquaient et frappaient le sol. La forme des grêlons était variée, les uns à demi-sphériques, d'autres arrondis et armés de pointes, d'autres longs et épais, etc.; un grand nombre avaient environ dix centimètres de diamètre et un poids variant de cent à quatre cents grammes. L'orage dura seulement de sept à huit minutes dans chacune des régions qu'il traversa, mais c'était plus que suffisant pour détruire toutes les récoltes qui alors étaient sur pied. En certains lieux les grêlons formèrent une couche épaisse qui ne fondit que trois jours après.

Volney raconte qu'il était alors au château de Pontchartrain, à quatre lieues de Versailles, *que le ciel était sans nuages et que cependant il distingua quatre à cinq coups de tonnerre.* Une heure après parut un nuage, puis un vent très-vif se fit sentir. En quelques minutes le nuage remplit l'horizon et accourut vers notre zénith avec un redoublement de vent, alors frais, et tout à coup commença une grêle lancée obliquement, d'une telle grosseur que l'on eût dit des plâtras jetés d'un toit que l'on démolit. Nombre de grêlons étaient de la grosseur du poing et celui qu'il pesa dépassait cent cinquante grammes (cinq onces).

Le grésil a une parenté d'origine avec la grêle, mais il en

diffère d'abord par sa forme qui est plus arrondie, ensuite par sa consistance, car il est surtout formé de neige, enfin, parce qu'il tombe a des moments plus froids de l'année, au printemps par exemple, où, mêlé à la pluie, il constitue les giboulées. A cette époque, en effet, le vent change souvent et presque subitement, il souffle quelquefois avec violence. Par moments la vapeur d'eau est abondante, puis elle est tout à coup condensée et congelée. Tout concourt donc à la production du phénomène.

La Trombe. — Nous avons dit plus haut comment, deux courants atmosphériques venant à se rencontrer, il se produit un tourbillon qui enlève les corps légers et les tient suspendus dans l'air en les faisant tourbillonner. On voit ce fait se produire en petit dans les carrefours d'une ville; les cours d'eau nous le montrent au sein d'une masse liquide. Mais s'il y a un dégagement d'électricité par suite des mouvements de l'air ou par toute autre cause, si surtout l'air est humide, la *trombe* se produit.

A la surface de la terre, la trombe n'acquiert pas généralement une grande violence, c'est simplement un tourbillon de vent très-vif avec quelques signes d'électricité. Le savant cardinal Bellarmin décrit ainsi une trombe sèche dont il a été témoin : « J'ai vu, dit-il, — je ne le croirais pas si je ne l'eusse pas vu, — une fosse énorme creusée par le vent, et toute la terre de cette fosse emportée sur un village, en sorte que l'endroit d'où la terre avait été enlevée paraissait un trou épouvantable, et que le village fut entièrement enterré sous cette terre transportée. »

Lorsque la trombe se forme sur un lac et surtout sur la mer, elle atteint de grandes proportions. Tout à coup la surface des eaux s'agite sur une assez vaste étendue, pendant qu'au même instant un nuage apparaît subitement au-dessus, puis, du centre de la surface agitée, les eaux s'élancent vers le nuage, qui au même instant semble descendre vers l'eau. Le nuage offre alors l'aspect d'un vaste entonnoir dont l'évasement est vers le ciel, ou bien d'une immense gerbe verticale resserrée vers sa base. Le pied du nuage est liquide et formé par les eaux soulevées. Cette colonne s'avance en tourbillonnant avec grand bruit, lançant de nombreux éclairs, produisant un grand vent tout autour d'elle. Arrivée sur la terre, elle continue à s'avancer rapide et violente, elle laisse un large et profond sillon sur le sol qu'elle ronge, elle renverse les murs, déracine les arbres, soulève et déplace de légères constructions, en un mot, triomphe des obstacles qui s'opposent à sa marche. Au bout d'un certain temps, elle semble avoir épuisé ses forces, se déchire et se dissipe.

Le 25 juin 1829, vers deux heures de l'après-midi, une trombe se montra près de Trèves. Il avait plu et le ciel était en-

Fig. 57. — Une Trombe.

core couvert, lorsque tout à coup, du milieu d'un nuage noir. une masse lumineuse commença à se mouvoir en sens inverse du nuage et en le déchirant. Le nuage prit bientôt, vers le haut, la forme d'une cheminée, de laquelle se serait échappée une fumée d'un gris blanchâtre, mélangée par intervalles de jets de flamme et s'élevant par plusieurs ouvertures comme si elle avait été violemment chassée par des soufflets. Soudain, à une certaine distance, et au contact du sol, un phénomène analogue se produisit, et, passant au-dessus de la Moselle, en souleva les eaux en une haute colonne.

Les deux météores s'avancèrent ensuite, le premier au-dessus et en avant, parcoururent une distance d'environ deux kilomètres, laissant sur le sol une trace d'environ quinze mètres de largeur. Enfin, au bout de quelques minutes, ils avaient disparu. Un homme qui eut la pensée de suivre le phénomène, fut enveloppé, tiré en avant, violemment soulevé, jeté à la renverse bien qu'il cherchât à s'accrocher au sol, et enfin abandonné. Il avait senti deux courants d'air de directions contraires et se trouvait étourdi par un bruit assourdissant.

Quelquefois passant au-dessus d'une mare, la trombe en aspire les eaux et avec celles-ci les animaux qu'elles renferment. Peltier raconte que toute la place publique de Ham fut couverte de petites grenouilles à la suite d'une violente ondée, le 20 octobre 1835.

Le vendredi saint 1666, il tomba au milieu du tonnerre et de la pluie une grande quantité de petits merlans de la grosseur du petit doigt dans un champ à Cranstead (comté de Kent).

De là les préjugés relatifs aux pluies de crapauds, de poissons, etc.

Résumé. — Concluons que :

1°. — La foudre résulte de la combinaison de l'électricité d'un nuage avec celle du point frappé ;

2°. — Le paratonnerre est une tige métallique effilée, communiquant par un conducteur métallique avec une nappe d'eau souterraine ; il permet à l'électricité des corps environnants de s'écouler et d'aller neutraliser celle du nuage qui influence pendant que l'électricité semblable s'écoule vers le sol.

3°. — La grêle est formée d'un noyau de neige compacte enveloppé de couches de glace superposées. Portée par les vents, elle reste un certain temps en suspension dans l'atmosphère, où par leur choc les grêlons produisent un certain bruit. Les grêlons ont des formes variées et atteignent quelquefois l'énorme poids de 4 à 500 grammes ;

4°. — Le grésil est en quelque sorte le noyau de la grêle, c'est une petite pelote de neige arrondie et compacte ;

5°. — La trombe est un tourbillon de vent ou de vapeur et d'eau électrisés, dont les effets sont variables et quelquefois très-puissants.

V. — L'AURORE POLAIRE.

SOMMAIRE. — Le Méridien magnétique. — Déclinaison magnétique ; Boussole de déclinaison. — Inclinaison magnétique ; Boussole d'inclinaison. — Résumé. — Solénoïdes ; Courants électriques de la Terre. — L'Aurore polaire. — Résumé.

Le Méridien magnétique. — On a vu plus haut qu'une aiguille aimantée, suspendue par son milieu à l'aide d'un fil ou posée sur un pivot vertical, prend une direction fixe, et nous en avons conclu que la terre agit comme un aimant puissant. Cette direction, avons-nous dit, est sensiblement celle du nord-sud, mais, pour l'obtenir exactement, il faut imaginer une ligne joignant les deux pôles de l'aiguille et supposer qu'elle se prolonge dans les deux sens à la surface de la terre : cette ligne n'est autre que le *méridien magnétique* du lieu où se trouve l'aiguille.

Ce méridien n'est pas, comme le méridien terrestre, une ligne fixe. La direction de l'aiguille change, en effet, dans la suite des siècles. En 1663, elle coïncidait avec le méridien terrestre[1]. Depuis cette époque elle a constamment dévié vers l'ouest, jusqu'en 1814, où elle est parvenue à une limite extrême, à peu près le milieu de l'intervalle compris entre le nord et le nord-ouest. Depuis 1814 elle revient vers le nord.

Déclinaison magnétique ; Boussole de déclinaison. — L'angle formé par les deux méridiens, ou, si l'on préfère, l'angle formé par la ligne des pôles de l'aiguille avec la direction nord-sud, se nomme *déclinaison magnétique*. La déclinaison était donc nulle en 1663 ; elle était de 22° 34′ en 1814, elle est aujourd'hui occidentale et de 20° environ.

Outre ces variations séculaires, l'aiguille oscille régulièrement chaque jour d'une très-faible quantité sous l'influence du mouvement de la terre. Enfin, elle est encore soumise à des variations accidentelles provoquées par la foudre, les tremblements de terre et les aurores polaires.

L'appareil qui sert à déterminer la déclinaison se nomme *boussole de déclinaison*. Les éléments essentiels qui le composent sont une aiguille aimantée et un cercle divisé, comme tous les cercles, en 360 parties égales ou degrés. L'aiguille est placée sur un pivot vertical ; au-dessous se trouve le cercle.

1. C'est sans doute de cette époque que date l'idée généralement répandue que la boussole se dirige vers le nord.

Le tout est enfermé dans une boîte dont le couvercle est en verre. On y ajoute quelques pièces accessoires qui permettent de connaître la direction du méridien terrestre. Si l'on dispose la boussole de manière que le diamètre du cercle divisé qui

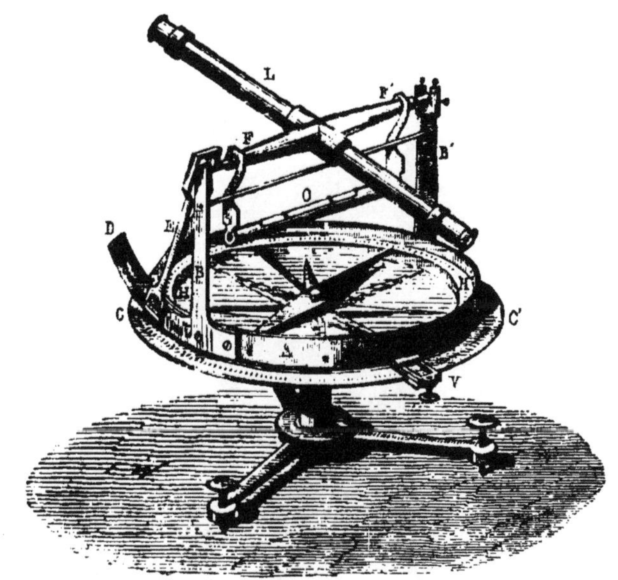

Fig. 58. — Boussole de déclinaison, avec la lunette et les autres pièces accessoires.

joint le point 0 au point 180 se trouve dans le méridien, le zéro étant du côté du nord, il suffit de lire le nombre de divisions indiqué par la pointe de l'aiguille pour obtenir la déclinaison.

Dans les boussoles de marine, un mode de suspension analogue à celui de certaines lampes de salle à manger assure l'horizontalité du cercle et de l'aiguille, malgré les mouvements variés du navire. L'aiguille se trouve quelquefois cachée par une feuille de talc circulaire contre laquelle elle est collée et qu'elle entraîne dans ses mouvements; ses extrémités sont alors indiquées par un signe sur la feuille, et le cercle divisé est formé par le bord circulaire de la boîte.

Du moment qu'on connaît la déclinaison, on peut trouver à l'aide de la boussole la direction du nord-sud, et par suite celle de l'orient; en un mot, on peut s'*orienter*. C'est le moyen qu'on emploie pour se diriger dans les forêts, dans les déserts, dans les mines, sur la mer, en un mot partout où manquent les points de repère qui rappellent la route qu'on a suivie. Cependant si la boussole est utile, elle est loin d'être suffisante. Les renseignements qu'elle fournit doivent être complétés par les indications astronomiques.

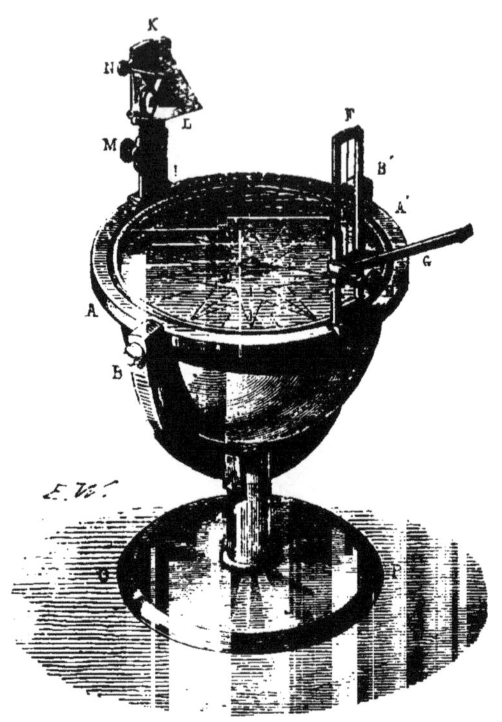

Fig. 59. — Boussole de marine avec ses accessoires.

Inclinaison magnétique; Boussole d'inclinaison. — L'aiguille aimantée suspendue au-dessus d'un barreau n'est horizontale, nous l'avons vu, qu'autant qu'elle est au milieu du barreau, où les actions réciproques des pôles sont égales, et où par conséquent l'aiguille est en équilibre sous leur influence combinée. Mais si on l'amène vers l'une ou l'autre extrémité, on la voit s'incliner vers le pôle voisin. Or, il en est tout naturellement de même pour une aiguille soumise à l'action de la terre : transportée en divers lieux à la surface de la terre, elle s'incline diversement et d'autant plus que le lieu est plus près des pôles magnétiques de la terre. Vers l'équateur, au contraire, se trouve l'équateur magnétique, ensemble des points où l'aiguille est horizontale.

Cette inclinaison de l'aiguille se nomme *inclinaison magnétique*, et l'appareil à l'aide duquel on la mesure est la *boussole d'inclinaison*. Dans cet appareil l'aiguille repose de champ, sur deux supports, à l'aide de deux petits tourillons qui lui sont perpendiculaires. Elle peut donc tourner comme une roue sur son essieu. On dispose verticalement un cercle divisé comme une sorte de cadran dont l'aiguille en tournant parcourt toutes les divisions.

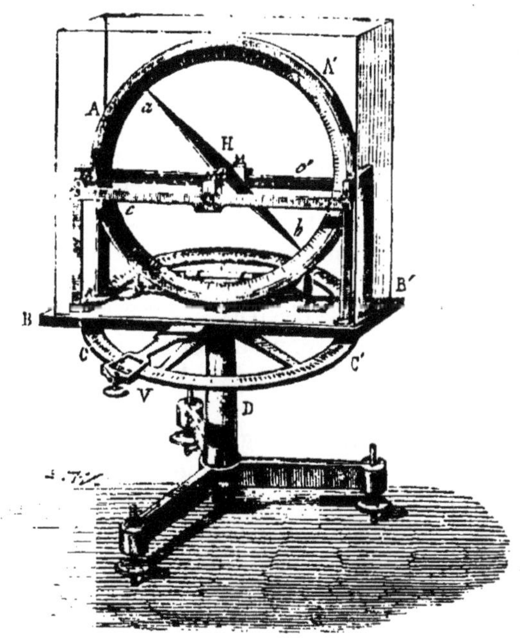

Fig. 60. — Boussole d'inclinaison avec ses accessoires.

L'inclinaison est actuellement à Paris de 66° environ. Elle est d'ailleurs soumise, comme la déclinaison, à des variations diurnes, séculaires et accidentelles.

En deux points du globe, l'aiguille se tient verticale et indique par conséquent les pôles magnétiques du globe : l'un est au nord de l'Amérique dans le détroit de James Ross (70° 10' lat. nord, 100° 40' de long. ouest), l'autre dans l'océan glacial du sud à l'ouest du mont Érèbe (75° lat. sud, 136° long. est).

Résumé. — Ce qui précède se résume ainsi :

1°. — Le méridien magnétique est une ligne parallèle à l'axe de l'aiguille aimantée;

2°. — La déclinaison magnétique est l'angle formé par le méridien magnétique avec le méridien terrestre; il est aujourd'hui de 20° environ à Paris. On le mesure à l'aide de la boussole de déclinaison;

3°. — L'inclinaison magnétique est l'angle formé par l'aiguille avec l'horizon, dans le plan du méridien magnétique; il est à Paris de 66° environ; on le mesure à l'aide de la boussole d'inclinaison.

Solénoïdes; Courants électriques de la Terre. — Si l'on se souvient des liens qui existent entre la pile et les aimants, et de la manière dont on peut aimanter le fer et l'acier à l'aide de la pile, on comprendra qu'il est tout naturel de rechercher dans des *courants terrestres* la cause de l'aimantation du globe. Or, nous avons vu que pour développer l'aimantation dans le fer et l'acier, on enroule le fil de la pile autour d'un fragment de ces corps, comme on fait du fil à coudre sur une bobine. Le fil seul, traversé par le courant, devient un véritable aimant nommé alors *solénoïde*. Librement suspendu, il se dirige comme l'aiguille de déclinaison; placé en regard d'un aimant, il se conduit comme un autre aimant, c'est-à-dire qu'on observe des attractions et des répulsions entre les extrémités du fil et de l'aimant; vis-à-vis d'un autre solénoïde, il agit par répulsion et par attraction comme le feraient deux aimants mis en présence. En un mot, dans toutes les circonstances où ils se trouvent, les solénoïdes se comportent comme des aimants. Dès lors on assimile les aimants aux solénoïdes : une aiguille, un barreau aimanté, un aimant naturel est considéré comme un corps environné de courants qui circulent autour de chacune de ses molécules.

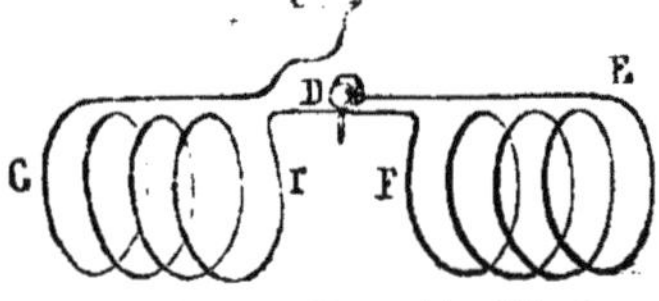

Fig. 61. Un solénoïde [1].

La terre, à son tour, est sillonnée par des courants dont il nous reste à connaître la direction et le sens. Pour cela observons qu'un solénoïde se dirige sous l'action de la terre comme une aiguille de déclinaison, et, par conséquent, que le courant dans les diverses spires est dirigé en travers de la ligne des pôles ou de l'axe du solénoïde : les courants terrestres sont donc aussi dirigés dans des plans perpendiculaires à la ligne qui joint les pôles magnétiques ou à l'axe magnétique du globe. Si l'on va plus loin, qu'on distingue le sens du courant, on constate, dans le solénoïde de déclinaison, que le courant marche de l'ouest vers l'est dans la partie supérieure et inversement

1. C, D, points de suspension; EFGI, fil qui doit être traversé par le courant

dans la partie inférieure, comme marchent les aiguilles d'une montre. Les courants terrestres sont non-seulement parallèles à ceux du solénoïde, mais ils sont de même sens dans les parties en regard, c'est-à-dire que dans le lieu d'observation ils se dirigent de l'est vers l'ouest, tournant ainsi en sens contraire des aiguilles d'une montre, perpendiculairement au méridien magnétique, en un mot, sensiblement dans le sens de la marche apparente du soleil. Enfin, les courants terrestres ne sont pas seulement perpendiculaires à l'aiguille de déclinaison, mais aussi à celle d'inclinaison dans le lieu où l'on observe.

Que l'on considère le soleil comme la cause directe de ces phénomènes ou comme provoquant les actions diverses qui les produisent, on ne saurait nier qu'il n'y participe. Sa chaleur engendre directement des courants; elle détermine en outre des phénomènes physiques, le vent, l'évaporation des eaux, par exemple, ou des combinaisons chimiques, comme celles qui ont lieu dans la végétation, et toutes ces actions à leur tour, produisent des courants. La zone torride est plus particulièrement le siége de ces phénomènes parce qu'elle est plus directement frappée par le soleil. Enfin, de même que l'axe terrestre n'est pas perpendiculaire aux rayons solaires, le plan des courants terrestres n'est pas perpendiculaire à l'axe. Le soleil donc est, sinon la seule, au moins la principale cause des courants terrestres, et par suite de l'aimantation du globe dont les aimants naturels sont une conséquence, des phénomènes électriques et du plus merveilleux entre tous : l'*aurore polaire*.

L'Aurore polaire — Humboldt décrit ainsi l'*aurore boréale :* « A l'horizon, vers le méridien magnétique du lieu, dit-il, le ciel, d'abord pur, commence à se rembrunir; il s'y forme une sorte de voile nébuleux qui monte lentement et finit par atteindre une certaine hauteur (8 ou 10 degrés). A travers ce segment obscur, dont la couleur passe du brun au violet, les étoiles se voient comme à travers un épais brouillard. Un arc plus large, mais d'une lumière éclatante, d'abord blanc, puis jaune, borde le segment obscur. Le point le plus élevé de l'arc lumineux n'est pas situé dans le méridien magnétique, mais s'en écarte peu.

« Quelquefois l'arc lumineux paraît agité, pendant des heures entières, par une sorte d'effervescence et par un continuel changement de forme, avant de lancer des rayons et des colonnes de lumière qui montent jusqu'au zénith. Plus l'émission de la lumière polaire est intense, et plus vives en sont les couleurs, qui, du violet et du blanc bleuâtre, passent, par toutes les nuances intermédiaires, au vert et au rouge purpurin. Il en est de même des étincelles électriques : elles ne se colorent que si la tension est forte et l'explosion violente. Tantôt les colonnes de lumière paraissent sortir de l'arc brillant, mélangées de rayons noirâtres semblables à une fumée épaisse; tantôt elles s'élèvent simultanément en différents points de l'horizon, et se réunissent en une mer de flammes dont aucune peinture ne saurait rendre la magnificence, car, à chaque instant, de rapides ondulations en font varier la forme et l'éclat. A certains moments, l'intensité de cette lumière est telle qu'on la peut apercevoir en plein soleil; le mouvement, en effet, semble la rendre plus visible. Autour du point qui répond, dans le ciel, à la direction de l'aiguille aimantée, les rayons paraissent se rassembler, et former alors ce qu'on nomme *la couronne,* sorte de dais céleste formé d'une lumière douce et paisible. Il est rare que l'apparition soit aussi complète et qu'elle se prolonge jusqu'à la formation de la couronne; mais quand celle-ci paraît, elle annonce toujours la fin du phénomène. Les rayons deviennent alors plus rares, plus courts et moins vivement colorés. La couronne et les arcs lumineux se dissolvent, et bientôt on ne voit plus sur la voûte céleste que de larges taches nébuleuses immobiles, pâles ou d'une couleur cendrée; elles ont déjà disparu, que les traces du segment obscur persistent encore à l'horizon. Enfin, il ne reste souvent, de tout ce beau spectacle, qu'un faible nuage blanchâtre à bords déchirés. »

L'aurore australe a été rarement observée. Il ne paraît pas douteux cependant que le nombre des aurores ne soit le même aux deux pôles et que les deux phénomènes n'aient lieu simultanément comme les deux parties d'un phénomène unique. Au sud comme au nord les mêmes phases se reproduisent et dans le même ordre, mais l'aurore australe n'a ni l'éclat, ni les couleurs de l'aurore boréale; sa lumière paraît d'une blancheur uniforme. Ce dernier fait concorde avec ce que l'on sait déjà des différences de forme, d'éclat et de couleur que présentent les effluves électriques qui se dégagent aux pôles d'une pile.

On vient de voir qu'il existe un lien entre l'aurore boréale et les courants terrestres, mais l'aurore n'est que la fin d'un phénomène; bien avant qu'elle se produise, les aiguilles aimantées, non pas seulement celles qui se trouvent dans le voisinage de l'aurore, mais toutes les aiguilles qui sont sur la terre annoncent par leur agitation plus ou moins vive que le phénomène lumineux se prépare. Ce fait a été bien des fois observé par Arago à l'Observatoire.

Semblable au baromètre dont les oscillations montrent, comme nous l'avons dit, dans de faibles dimensions les mouvements considérables des couches atmosphériques, l'aiguille aimantée marque les phénomènes électro-magnétiques du globe. Mais tandis que le baromètre indique un ébranlement local qui se passe au-dessus de la région de l'observation et aux alentours dans un espace peu étendu, l'aiguille révèle un phénomène qui embrasse le globe entier.

L'aurore ne se produit pas, en effet, dans un lieu déterminé du globe : ses effets, apparents ou non, s'étendent sur le globe entier; l'électricité rassemblée aux pôles magnétiques se répand en nombreuses effluves très-lumineuses surtout dans l'obscurité des pôles. La déperdition dans les régions élevées de l'espace ou la neutralisation des électricités contraires dans l'atmosphère terminent cette sorte d'orage.

Dans ces derniers temps, M. de la Rive a reproduit, à l'aide d'un ingénieux appareil, toutes les phases du splendide phénomène. Le segment obscur, les rayons lumineux, les nébulosités violettes et roses, les trépidations de la lumière, tout a été représenté fidèlement; on est donc porté à admettre que les aurores sont la conséquence de la double action des courants terrestres et de l'aimantation qui en est la conséquence, ainsi que de l'électricité qui est produite à la surface du globe.

Résumé. — On peut dire que :

1°. — Le solénoïde est un fil métallique contourné en hélice qui, traversé par le courant, se comporte comme un aimant; la terre est parcourue par des courants qui en font un solénoïde.

2°. — L'aurore polaire est un brillant phénomène lumineux qui se produit aux pôles magnétiques et résulte de la décharge de l'électricité du globe dans les régions supérieures de l'atmosphère.

LA LUMIÈRE ET LES MÉTÉORES LUMINEUX.

I. — NOTIONS PRÉLIMINAIRES.

SOMMAIRE : La Lumière. — Sources de lumière. — Variations de l'intensité de la lumière. — Mesure de la lumière ; Photomètre. — Transparence et Opacité. — Résumé. — Diffusion, Réflexion. — Miroirs : 1° miroirs plans ; 2° miroirs courbes. — Résumé. — Réfraction. — Passage de la réfraction à la réflexion ; Angle limite. — Lames, Prismes et Lentilles. — Résumé. — Analyse de la lumière. — Couleurs. — Résumé.

La Lumière. — La chaleur, avons-nous dit plus haut, est produite par certaines vibrations des parties les plus ténues des corps. Ces vibrations sont transmises des corps chauds au gaz infiniment subtil qu'on nomme *éther*, qui les communique à son tour aux autres corps et par suite les échauffe. Toutefois, ces vibrations ne sont *calorifiques* qu'autant qu'elles ont une vitesse qui ne dépasse pas certaine limite. Cette limite dépassée, ces mêmes vibrations produisent de la lumière. Entre les unes et les autres il n'y a donc pas de différence de nature : les vibrations lumineuses sont seulement plus vives que celles qui engendrent la chaleur. On voit par là que toutes les propriétés qui dépendent de la nature des vibrations doivent être communes à la lumière et à la chaleur, et que toutes celles qui dépendent de la vitesse de ces mêmes vibrations appartiennent à l'une ou à l'autre. Ainsi s'expliquent les analogies et les différences qu'on observe entre les phénomènes lumineux et les phénomènes caloriques.

Pour confirmer cette hypothèse, nous rappellerons ce fait bien connu qu'un corps métallique, porté à des températures de plus en plus élevées, devient de plus en plus lumineux. D'abord sombre au début, on le voit bientôt rougir, puis le rouge devient plus vif, et par des nuances insensibles le corps arrive à être d'un blanc lumineux. Il n'y a donc rien que de très-naturel à attribuer l'élévation progressive de la température à des vibrations de plus en plus rapides, et on peut même ajouter que les vibrations qui produisent la couleur rouge, couleur que prend un corps chaud lorsqu'il commence à devenir lumineux, sont les moins rapides entre les vibrations lumineuses. Un corps peut être tout à la fois chaud et lumineux, comme dans l'exemple qui nous occupe ; il est alors la source commune de vibrations de vitesses variables.

Les mouvements vibratoires caloriques et lumineux sont d'une rapidité et d'une petitesse infinie. Pour s'en faire une idée, il suffit d'observer que la lumière parcourt environ 75,000 lieues par seconde et que les ondulations lumineuses ou caloriques ont de un à deux millièmes de millimètres de longueur ; cela suppose donc cinq à six cents trillions d'ondulations par seconde. Tous ces nombres sont des résultats de l'expérience ; comme ils étonnent au premier abord, les uns par leur grandeur, les autres par leur petitesse, et que nous ne pouvons parler ici des expériences à l'aide desquelles on les a déterminés, il est bon de dire qu'ils ont, aux yeux des physiciens, le caractère de certitude qu'on trouve dans la plupart des résultats fournis par la science.

Sources de Lumière. — Les sources de lumière ne sont pas moins diverses que les sources de chaleur : les unes sont naturelles, comme la lumière solaire, celle des étoiles, celle des corps phosphorescents ; les autres sont artificielles, comme la combustion et la lumière électrique.

On peut juger de la somme de chaleur et de lumière répandue dans l'espace par le soleil, en sachant que ce qui tombe sur la terre en représente la 2,300,000,000^{me} partie. La lumière des étoiles paraît être analogue à celle du soleil ; seulement elle est tantôt blanche comme celle de cet astre, tantôt colorée.

Certaines substances minérales ou bien des corps en décomposition, ou encore des animaux comme le ver luisant et quelques animalcules, produisent une lumière un peu blafarde. On dit de ces corps qu'ils sont *phosphorescents*. Quelques corps, après avoir été insolés ou exposés à une lumière intense, deviennent phosphorescents dans l'obscurité parce qu'ils ont partagé le mouvement vibratoire du corps qui les a éclairés et le conservent pendant quelque temps.

Un certain nombre de combinaisons chimiques sont les sources ordinaires de la lumière employée dans les usages de la vie : on peut citer en particulier la combustion de l'huile, des corps gras qui entrent dans la composition des bougies, des gaz carbonés qui constituent le gaz de l'éclairage. La combinaison de l'oxygène et de l'hydrogène opérée au contact de la chaux et qui fournit la lumière si vive dite de Drummond. Mais, de toutes les lumières artificielles, la lumière électrique est la plus intense.

Variations de l'intensité de la Lumière. — L'intensité de la lumière émise par un corps varie avec la distance du corps éclairé au corps éclairant; les ondes lumineuses se propagent en effet tout autour de la source qui en est le centre, et se répandent sur des surfaces de plus en plus grandes à mesure qu'on s'éloigne du centre. L'intensité doit donc être affaiblie en raison de la surface sur laquelle se répand la lumière.

Pour des points placés à des distances de la source qui sont dans le rapport des nombres un, deux, trois, etc., *l'intensité de la lumière* en ces points *varie* comme les nombres un, un quart, un neuvième, etc., c'est-à-dire *en raison inverse du carré des distances.*

L'intensité de la lumière varie encore avec l'inclinaison des rayons lumineux sur la surface du corps éclairé. On comprend que la même quantité de lumière se trouve répartie sur une portion de la surface d'autant plus grande que celle-ci se présente plus obliquement aux rayons. Lorsque les rayons tombent d'aplomb, on obtient le plus grand éclairement.

Mesure de la Lumière; Photomètre. — On juge de la valeur relative de deux foyers lumineux par la manière dont ils éclairent un même corps ou deux corps semblables. On dispose les deux foyers à des distances telles qu'ils éclairent le corps autant l'un que l'autre. On compare ensuite les distances entre elles en appliquant la loi énoncée plus haut.

Les appareils qui permettent de mettre en pratique le moyen que nous venons d'indiquer, et, par suite, de mesurer la lumière, se nomment *photomètres*. Nous indiquerons seulement

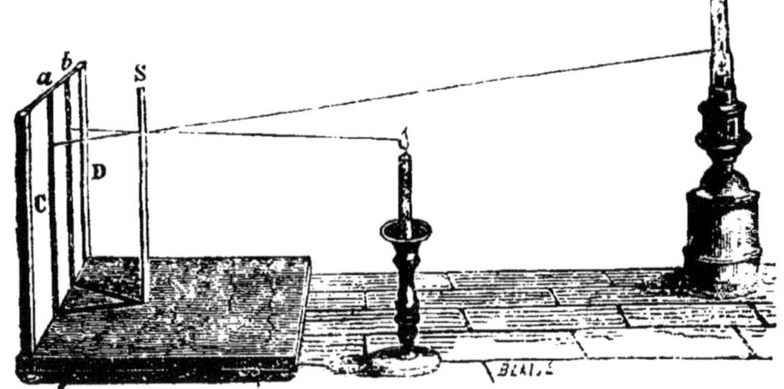

Fig. 62. — Un photomètre.

deux des plus élémentaires, qui sont moins des appareils que des procédés. Le premier consiste en une tige posée verticalement devant un écran. Les sources lumineuses à comparer, une bougie et une lampe par exemple, sont placées à des distances quelconques, mais telles que les ombres de la tige soient d'égale intensité. Dans ce cas la lampe et la bougie éclairent également l'écran. Il ne reste plus qu'à mesurer la distance de chacune de ces deux sources à l'écran pour en déduire le rapport de leur valeur lumineuse.

Le second est composé d'une planchette dans laquelle on découpe deux petites ouvertures placées à côté l'une de l'autre, et que l'on ferme par deux carreaux de papier huilé ou de verre dépoli. Ayant disposé verticalement la planchette, on éclaire en même temps l'un des carreaux avec la bougie, l'autre avec la lampe, en les isolant l'une de l'autre, et de manière que les deux carreaux soient également éclairés. On mesure alors comme précédemment la distance de chaque lumière à la planchette pour en déduire le rapport de leur valeur lumineuse.

Transparence et Opacité. — Lorsque la lumière frappe les corps, ses vibrations se propagent à travers les conduits formés par leurs pores, et, après un trajet variable selon le corps, elles atteignent la face opposée à celle par laquelle elles avaient pénétré, d'où elles se répandent de nouveau dans l'atmosphère. L'eau, l'air, le verre, en général, se laissent facilement traverser par la lumière; on dit de ces corps qu'ils sont *transparents*. La corne, l'écaille, l'ivoire ne sont qu'à demi transparents ou *translucides*. Les pierres, les métaux, à moins qu'ils ne soient réduits à une minceur extrême, ne laissent pas passer la lumière et sont dits *opaques*. Mais il ne faut voir là que des degrés dans la transparence, car si le verre en lames minces, comme dans les carreaux de vitre, est transparent, il ne l'est plus qu'à demi sous une épaisseur de quelques centimètres, et cesse de l'être sous une épaisseur très-grande. L'or, au contraire, qui est généralement opaque, devient translucide lorsqu'il est réduit en feuilles d'environ un millième de millimètre d'épaisseur.

Résumé. — Concluons que :

1°. — La lumière résulte des vibrations des corps lumineux; ces vibrations, extrêmement vives, se transmettent, à l'aide de l'*éther*, avec la vitesse énorme de 75,000 lieues environ;

2°. — L'intensité de la lumière varie en raison inverse du carré des distances; cette loi permet de comparer entre elles les sources lumineuses à l'aide des photomètres;

3°. — Les corps sont transparents à des degrés divers, et selon leur épaisseur.

Diffusion, Réflexion. — La lumière éprouve, soit à la surface, soit à l'intérieur des corps, des modifications diverses dans sa direction, son intensité, sa constitution, etc., connues sous le nom de *diffusion*, de *réflexion*, de *réfraction*, etc., que nous allons successivement passer en revue.

Les ondulations lumineuses ne pénètrent jamais en totalité même dans les corps les plus transparents, une portion rebondit à la surface comme une balle élastique; elle se *réfléchit*. Si la surface du corps est rugueuse, chacune des aspérites donne lieu à une réflexion partielle isolée comme le feraient autant de facettes diversement inclinées et inégalement polies. Il en résulte une sorte de dissémination, de *diffusion* de la lumière à la surface du corps.

C'est la diffusion qui nous permet de voir les corps; elle est naturellement d'autant plus complète que la surface du corps est plus rugueuse. Lorsque, par le travail du polissage, on a usé toutes les aspérités de la surface d'un corps, que celle-ci se trouve pour ainsi dire nivelée, unie, la réflexion devient régulière, d'irrégulière qu'elle était dans la diffusion. C'est alors la réflexion proprement dite, c'est-à-dire une sorte d'écho lumineux.

Si la lumière est réfléchie presque en totalité, si une trop faible partie en est diffusée, on ne voit plus le corps éclairé, mais bien celui qui envoie la lumière. Si, par exemple, le soleil donne, comme il arrive souvent, sur un carreau de vitre, on ne voit plus la vitre, mais le soleil qui s'y réfléchit.

La réflexion est naturellement d'autant plus complète que la surface est plus polie; aussi les corps qui sont susceptibles de recevoir un beau poli, comme les métaux, le verre, etc., ou ceux qui le sont par leur nature même, comme les liquides, sont-ils aussi ceux qui réfléchissent le mieux la lumière.

Non-seulement la nature de la surface, mais encore la couleur d'un corps, influe sur la réflexion. L'expérience démontre que les corps réfléchissent d'autant mieux qu'ils sont de couleur plus claire.

Enfin, le même corps, recevant la même somme de lumière, en réfléchira d'autant plus que les rayons frapperont plus obliquement sur sa surface, ainsi que nous l'avons dit plus haut[1].

1. On applique les faits qui précèdent quand on orne de glaces les appartements, qu'on en recouvre les murs de papiers blancs et satinés ou de boiseries grises et dorées pour en éclairer l'intérieur. Au contraire, on adoucit une lumière trop vive par des papiers rugueux ou des tentures de couleur sombre. Les abat-jour et les réflecteurs de nos lampes sont destinés à concentrer la lumière sur certains points, etc.

Lois de la Réflexion. — La réflexion s'opère suivant des lois déterminées : pour les observer, on dirige soit un rayon de soleil, soit un rayon de lumière artificielle sur une plaque polie ; c'est là le rayon *incident*. Le point où il touche la plaque est le *point d'incidence*. On voit alors un second rayon, le rayon *réfléchi*, qui semble partir de la surface, et qui n'est autre que le rayon incident qui rebrousse chemin après s'être heurté contre la plaque. Ainsi une bille lancée contre la bande d'un billard rebondit dans une direction nouvelle après avoir choqué la bande.

Les rayons lumineux incident et réfléchi sont dans un même plan perpendiculaire à la plaque réfléchissante, et, de plus, ils sont également inclinés par rapport à cette même plaque, ou, si l'on veut, ils forment des angles égaux avec la perpendiculaire qu'on y mènera au point d'incidence. L'un de ces angles se nomme *angle d'incidence ;* l'autre, *angle de réflexion.* On énonce les resultats précédents de la manière suivante :

1° *Le rayon incident, le rayon réfléchi et la perpendiculaire à la surface réfléchissante sont dans un même plan ;*

2° *L'angle d'incidence est égal à l'angle de réflexion.*

Ce sont là les lois de la réflexion. Elles trouveront leur application dans les miroirs.

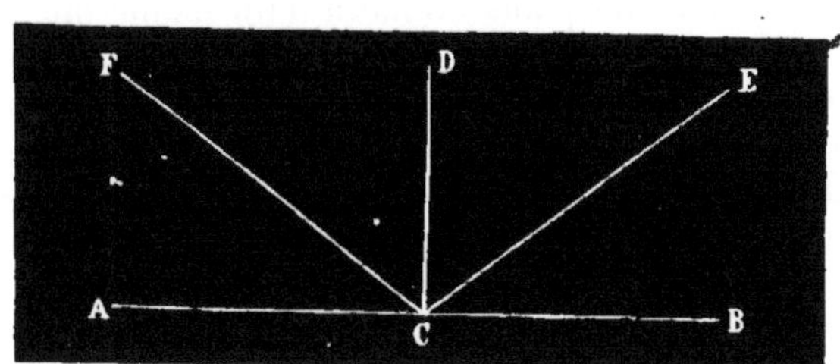

Fig. 63. — Directions du rayon incident et du rayon réfléchi [1].

Miroirs. — Les miroirs sont des corps à surface polie, tantôt métalliques, tantôt en verre, et alors recouverts sur l'une de leurs faces d'une couche de tain [2] qui constitue la véritable surface réfléchissante. Ils sont de formes diverses suivant les usages auxquels on les destine, plans comme ceux qui ornent et éclai-

1. EC, rayon incident ; CF, le même réfléchi ; AB, surface réfléchissante ; CD, perpendiculaire à cette surface ; ECD, angle d'incidence ; DCF, angle de réflexion.

2. Amalgame d'étain, c'est-à-dire combinaison de mercure et d'étain.

rent nos habitations, ou courbes comme les réflecteurs de nos lampes.

1° *Miroirs plans.* — Lorsqu'on place un objet devant un miroir plan, on obtient une image symétrique par rapport au miroir, c'est-à-dire que l'objet et l'image sont à égale distance du miroir, le premier en réalité, la seconde en apparence, car l'image résulte de la réflexion des rayons et n'existe pas; c'est ce qu'on nomme une image *virtuelle.*

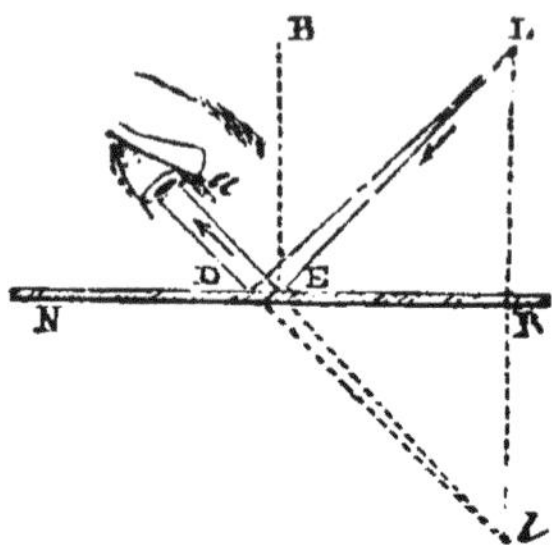

Fig. 61. — Formation de l'image dans un miroir plan[1].

Pour comprendre le jeu de la lumière qui donne lieu à la formation de cette image, considérons seulement un point lumineux, car tout objet n'est qu'un ensemble de points. Un faisceau de rayons émanés de ce point frappe le miroir et rebondit ensuite selon les lois de la réflexion. L'observateur, qui reçoit dans l'œil le faisceau réfléchi, en reporte l'origine au point où ces rayons se rencontreraient s'ils étaeint prolongés au delà et pour ainsi dire dans l'intérieur du miroir. Or, cette origine est précisément le point symétrique du point lumineux.

Un groupe de miroirs plans donnera d'un même objet un certain nombre d'images résultant des réflexions successives qu'éprouvent les rayons en se répercutant d'un miroir sur l'autre. Si. en particulier, deux miroirs sont parallèles, on obtiendra une série d'images de plus en plus éloignées. Comme elles résultent de réflexions successives, à chaque réflexion, une nouvelle image est formée, et naturellement plus faible que la précédente, parce que les chocs successifs affaiblissent la lumière. Les dernières ne sont plus visibles.

Si les miroirs forment un angle, les images sont en nombre beaucoup plus restreint que dans le cas précédent, et d'autant plus grand que l'angle des miroirs est plus aigu.

2° *Miroirs courbes.*—Les miroirs courbes généralement employés ont la forme sphérique. Ce sont des portions peu étendues d'une grande sphère; aussi la courbure en est-elle très-peu prononcée. Si l'on polit l'intérieur, on obtient un *miroir concave;* si l'on polit l'extérieur, on a un *miroir convexe.* Dans le premier, les images apparentes ou *virtuelles* des objets sont

1. NR, miroir; LED, faisceau de rayons incidents; D*a*, faisceau de rayons réfléchis donnant à l'œil *a* l'illusion de l'image *l*.

plus grandes que les objets; dans le miroir convexe, au contraire, les images sont plus petites. Les miroirs grossissants dont on se sert pour les usages de la toilette sont des miroirs concaves; les boules de verre poli qu'on voit dans les jardins sont des miroirs convexes.

Outre les images virtuelles, les miroirs concaves donnent lieu à la formation d'images qu'on nomme *réelles,* parce qu'elles se forment en avant du miroir et flottent dans l'espace, ce qui, permet de les recueillir sur un fragment de verre dépoli ou de papier. Placé en face du soleil, par exemple, le miroir concave donne en un point nommé *foyer,* situé en avant du miroir, une image très-petite de cet astre. En effet, les rayons solaires qui frappent sur le miroir se concentrent, après leur réflexion, en un point où naturellement la chaleur et la lumière sont beaucoup plus intenses qu'en tout autre. Par contre, si l'on place à ce foyer un corps lumineux, une lampe par exemple, les rayons lumineux qui, partant de la lampe, se réfléchiront sur le miroir, seront renvoyés dans une direction unique et formeront un cylindre lumineux : c'est l'effet des réflecteurs.

Si, au lieu d'un corps situé comme le soleil à une distance considérable, on place une bougie à une certaine distance du miroir, on obtient également un foyer où se peint l'image de la bougie renversée. Mais tandis que l'image du soleil se forme en un point sensiblement fixe, vu la grande distance qui nous sépare de l'astre, le foyer de la bougie se déplace quand on éloigne ou qu'on rapproche cette dernière du miroir. Le foyer des

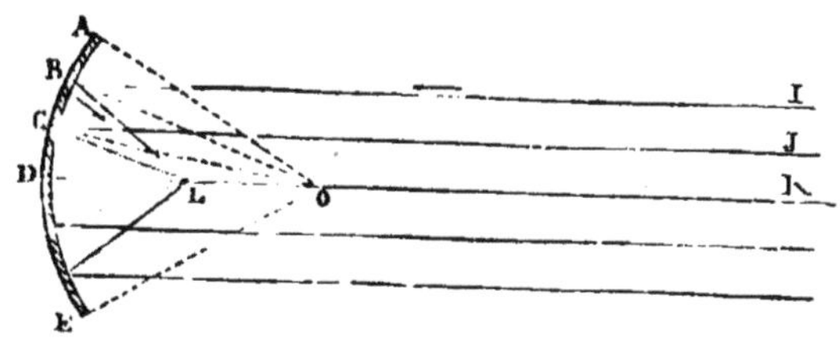

Fig. 65. — Rayons parallèles convergeant au foyer principal [1].

corps très-éloignés, qui est à une distance du miroir égale à la moitié du rayon, se nomme *foyer principal,* par opposition avec les nombreux *foyers secondaires* obtenus à l'aide de corps lumineux peu distants du miroir. A chaque place occupée par le corps lumineux correspond un foyer de ce corps.

1. AE, miroir; BI, CJ, rayons parallèles à l'axe DK du miroir qui passe par le centre de courbure O, et le centre de figure D; L, foyer principal.

Quand la bougie est au delà du centre du miroir, son image se trouve entre le foyer principal et le centre. Elle est alors plus petite et plus vive que la bougie. Si l'on met la bougie au lieu où se formait l'image, celle-ci se forme alors à la place de la bougie; elle est plus grande et moins apparente. Dans les deux cas l'image est renversée.

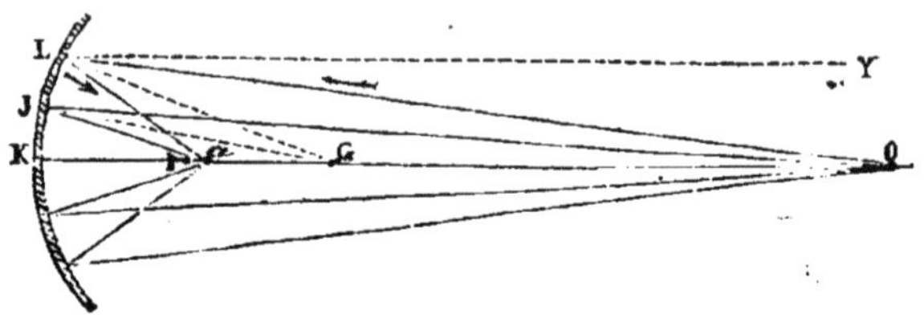

Fig. 63. — Foyers secondaires [1].

Tout ce qui précède ne s'applique pas seulement à un corps lumineux, mais à tous les objets. Les images sont naturellement d'autant plus distinctes que les objets sont mieux éclairés.

Nous ne dirons rien des autres miroirs qui tiennent, à des degrés divers, de la forme plane et de la forme courbe, et dont les effets peuvent être expliqués à l'aide de ce qui précède.

Résumé. — On résume ainsi ce qui précède :

1°. — Lorsque la lumière frappe les corps, une partie est diffusée, c'est celle qui fait voir le corps; une autre se réfléchit, c'est celle qui donne lieu à la formation des images; une troisième est absorbée ou transmise;

2°. — Les rayons lumineux se réfléchissent selon les lois suivantes : le rayon incident, le rayon réfléchi sont dans un même plan perpendiculaire à la surface; l'angle d'incidence est égal à l'angle de réflexion;

3°. — Les miroirs plans donnent des images virtuelles et symétriques des objets;

4°. — Les miroirs concaves donnent des images virtuelles plus grandes et de même sens que les objets; ils donnent en outre des images réelles, tantôt plus petites, tantôt plus grandes que les objets, selon la distance de ces derniers au miroir, et toujours renversées. Les miroirs convexes produisent des images virtuelles, plus petites que l'objet ou tout au plus égales et toujours de même sens.

Réfraction. — Tant que la lumière se propage dans un même

1. LY, un rayon parallèle; O, point lumineux envoyant les rayons OL, OJ, OK, qui convergent en a, foyer du point O; G, centre; F, foyer principal.

milieu, dans l'air, dans le verre ou dans l'eau, elle se meut en ligne droite; mais du moment qu'elle passe d'un milieu dans un autre, et qu'après avoir traversé l'air, par exemple, elle pénètre dans l'eau ou dans le verre, elle est déviée, brisée ou *réfractée.* Il n'est même pas nécessaire que les deux milieux diffèrent beaucoup quant au poids; il suffit qu'il y ait une différence, quelque faible qu'elle soit. Ainsi, les rayons lumineux se réfractent dans leur passage à travers les couches d'air plus ou moins comprimé qui composent l'atmosphère.

Pour bien observer la réfraction, on laisse pénétrer un rayon de soleil par un trou pratiqué au volet d'une chambre obscure, puis sur le trajet du rayon on place un vase en verre plein d'eau. La transparence du verre permet de suivre la piste du rayon. Or, au point où il pénètre dans le liquide, c'est-à-dire au *point d'incidence,* s'il n'est pas perpendiculaire à la surface de l'eau, il se brise et continue sa marche dans l'eau dans une direction différente de celle qu'il avait à l'entrée. La déviation varie avec la nature du milieu traversé.

La portion du rayon dévié qui pénètre dans le nouveau corps se nomme *rayon réfracté:* il y a donc un *rayon incident,* un rayon réfracté, et, par suite, un *angle d'incidence* et un *angle de réfraction.* Ce dernier est plus petit que le premier lorsque le second milieu est plus dense que le premier, ou, si l'on veut, le rayon, en se brisant, se rapproche de la perpendiculaire menée au point d'incidence. C'est ce qui arrive lorsque la lumière passe de l'air dans l'eau, ou de l'air dans le verre.

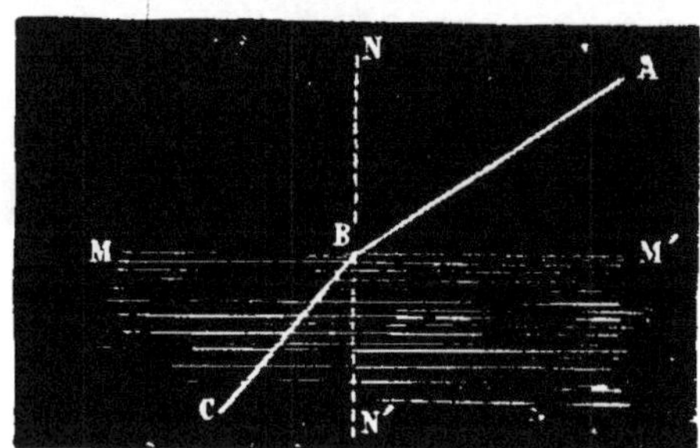

Fig. 67. Rayon de lumière réfracté [1].

Nous pouvons maintenant énoncer comme il suit les lois de la réfraction :

1. B, point d'incidence; AB, rayon incident; BC, rayon réfracté; MM', surface de l'eau; NBN', perpendiculaire; ABN, angle d'incidence; CBN', angle de réfraction.

1° *Le rayon incident, le rayon réfracté et la perpendiculaire à la surface sont dans un même plan.*

La seconde loi exige, pour être énoncée avec précision, quelque connaissance de la trigonométrie. Nous nous bornerons à dire que :

2° *Il y a un rapport constant, pour deux mêmes substances, entre les perpendiculaires menées dans l'intérieur des angles à égale distance du sommet d'un côté de l'angle sur l'autre*[1].

Si donc l'angle d'incidence est plus ou moins ouvert, l'angle de réfraction le sera aussi plus ou moins tout en restant différent.

Passage de la Réfraction à la Réflexion; Angle limite. — Puisque les deux angles d'incidence et de réfraction sont différents de grandeur, l'un des deux peut être aigu tandis que l'autre est droit. Un rayon lumineux qui passera de l'eau dans l'air, par exemple, s'éloignera, en sortant du liquide, de la perpendiculaire au point d'incidence, ou, si l'on veut, sera plus près de la surface du liquide.

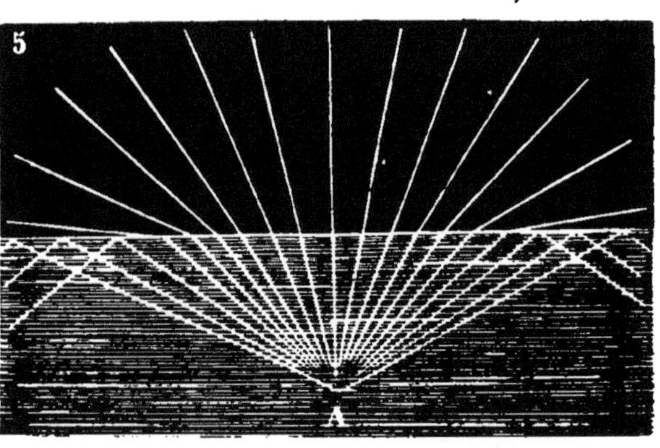

Fig. 68. — Rayons incidents et rayons réfractés.

Changez la direction du rayon de manière que l'angle d'incidence devienne de plus en plus grand, l'angle de réfraction deviendra aussi de plus en plus grand. Il arrivera donc à un certain moment que le rayon, au sortir de l'eau, rasera la surface du liquide. On sera alors parvenu à l'angle d'incidence *limite*. Si l'on rend cet angle plus grand encore, le rayon ne pourra

1. Le véritable énoncé est celui-ci : *les sinus des angles sont dans un rapport constant pour deux mêmes substances.*

plus sortir du liquide et, au point d'incidence, il rebroussera chemin dans le liquide. Une véritable réflexion se sera opérée.

On est tout d'abord tenté de croire que la réflexion ne peut se produire qu'autant que la lumière rencontre un corps plus dense que celui dans lequel elle se meut; on voit ici un exemple du contraire. La lumière qui a traversé de l'eau, parvenue à la surface, peut s'y réfléchir comme si, ayant traversé l'air, elle arrivait au contact de l'eau. De même, la lumière qui se trouve dans l'intérieur d'un fragment de verre peut, sans en sortir, se réfléchir à la surface.

Enfin, le même phénomène peut se produire à la surface de séparation de deux couches d'air de densité différente. C'est ce qui arrive dans l'atmosphère où les rayons lumineux, passant par les couches d'air de poids variable qui la constituent, sont brisés à chaque surface de séparation et finissent par se réfléchir après ces réfractions successives.

Lames, Prismes et Lentilles. — Lorsqu'un rayon lumineux traverse une lame transparente, il se brise deux fois, à l'entrée de la lame et à la sortie. Mais comme les deux faces sont parallèles, le rayon incident et le rayon émergent sont également parallèles, et si la lame est mince, on peut admettre, vu la faible déviation, que les deux rayons forment une seule ligne droite.

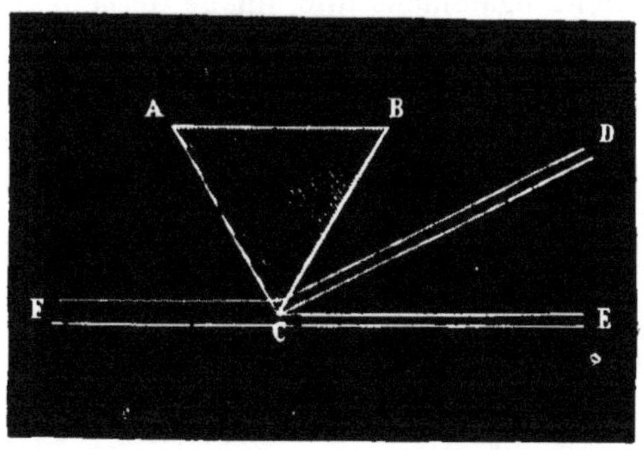

Fig. 63. — Rayon dévié par le prisme [1].

Au lieu d'une lame, prenons un angle solide, c'est-à-dire un corps présentant deux faces non parallèles et qu'on nomme un *prisme*. Le rayon lumineux se brisera encore à l'entrée et à la sortie du prisme, mais il ne continuera pas son chemin en ligne droite, il formera une ligne brisée se repliant sur elle-même.

Si l'on donne à un corps transparent la forme d'un disque

1. ABC, prisme; FE, rayon direct; FCD, rayon brisé.

légèrement bombé, il prend le nom de *lentille*, à cause de l'analogie de forme avec ce comestible. On désigne néanmoins, sous ce même nom, des disques dont les faces sont concaves. Ces corps, le plus souvent en verre, sont très-employés dans la construction des instruments d'optique, dont ils constituent les éléments essentiels.

Les lentilles possèdent des propriétés analogues à celles des miroirs courbes, seulement les lentilles convexes se rapprochent des miroirs concaves, et réciproquement les lentilles concaves, des miroirs convexes.

Présente-t-on au soleil une lentille convexe, on obtient en un point nommé *foyer*, situé de l'autre côté de la lentille par rapport à l'astre, une image très-petite de cet astre. En effet, les rayons solaires, après leur réfraction, se concentrent en un point où naturellement la chaleur et la lumière sont beaucoup plus intenses qu'en tout autre. Par contre, si l'on place à ce foyer un corps lumineux, les rayons qui, émanés de ce corps, se réfracteront dans la lentille, seront renvoyés dans une direction unique et formeront un cylindre lumineux. Cette propriété est utilisée dans la construction des lanternes de phares.

Si, au lieu d'un corps situé comme le soleil à une distance considérable, on place une bougie à une certaine distance de la lentille, on obtient également une image de la bougie, le lieu où elle se peint est aussi un foyer. Mais tandis que l'image

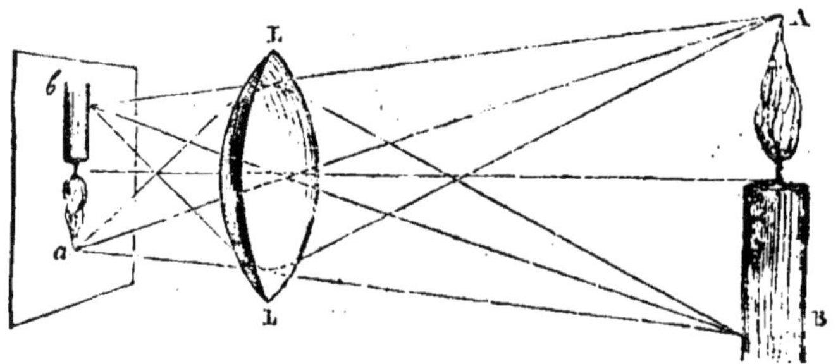

Fig. 70. — Image formée par une lentille convexe [1].

du soleil se forme en un point sensiblement fixe, vu la grande distance qui nous sépare de l'astre, le foyer de la bougie se déplace quand on éloigne ou qu'on rapproche cette dernière de la lentille. Le foyer des corps très-éloignés qui est à une dis-

1. AB, bougie; *ab*, image; L L, lentille.

tance invariable de la lentille se nomme *foyer principal*, par opposition avec les nombreux *foyers secondaires* obtenus à l'aide de corps lumineux peu distants de la lentille. A chaque place occupée par le corps lumineux correspond un foyer de ce corps.

Quand la bougie est au delà du centre de la lentille, son image, située du côté opposé, entre le foyer principal et le centre, est plus petite et plus vive. Réciproquement, si l'on met la bougie au lieu où se formait l'image, cette dernière se forme à la place de la bougie; elle est alors plus grande et moins intense. Dans les deux cas l'image est renversée. Nous répétons ici ce que nous avons dit à propos des miroirs, qu'au lieu d'un corps lumineux on peut présenter à la lentille un objet quelconque et qu'on obtient son image, mais tout naturellement les images sont d'autant moins visibles que les objets sont moins éclairés.

Lorsqu'on utilise la lentille dans le but d'obtenir la petite image des objets, on réalise, sauf les accessoires, *la chambre obscure;* si c'est pour obtenir la grande image, la lentille porte le nom de *microscope*. Dans ce dernier cas on éclaire vivement l'objet afin que l'image soit suffisamment visible. Les images sont, en effet, d'autant moins visibles qu'elles sont plus grandes, car c'est la même quantité de lumière qui se répartit sur une surface plus étendue.

Enfin, lorsqu'un objet est placé entre la lentille et l'un des foyers principaux, si l'on regarde l'objet, à travers la lentille, en plaçant l'œil du côté opposé, on aperçoit l'objet agrandi. Ainsi employée, la lentille porte le nom de *loupe*.

Les lentilles concaves, de même que les miroirs convexes, ne donnent pas d'images *réelles*. C'est seulement quand on regarde les objets à travers des lentilles de cette forme qu'on peut les voir, et ils sont plus petits.

Les verres lenticulaires sont employés pour corriger certains défauts des yeux qui constituent la myopie et la presbytie.

Résumé. — On résume ainsi ce qui précède :

1°. — Les rayons lumineux se réfractent en passant d'un milieu dans un autre, selon les lois suivantes : Le rayon incident, le rayon réfracté sont dans un même plan perpendiculaire à la surface; les sinus des angles d'incidence et de réfraction sont dans un rapport constant pour deux mêmes substances;

2. — Les lentilles convexes donnent lieu par réfraction aux mêmes images que les miroirs concaves; les lentilles concaves se comportent comme des miroirs convexes.

Analyse de la Lumière. — La rayon de soleil qui a traversé un prisme ou une lentille n'est pas seulement dévié; il est dilaté et *décomposé*. Blanc avant son entrée, il est coloré à la sortie et occupe alors un espace plus grand. Au lieu d'un petit

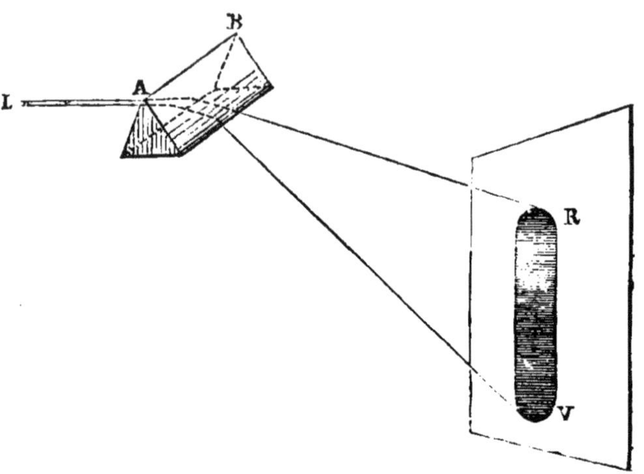

Fig. 71. — Décomposition de la lumière [1].

cercle blanc, on a une bande colorée longue et étroite, arrondie aux deux extrémités, où l'on distingue, à la suite les unes des autres, les couleurs suivantes : violet, bleu, vert, jaune, orangé, rouge; c'est là le *spectre solaire*. Les couleurs ne forment pas des taches limitées, à contours nets; elles se fondent, au contraire, les unes dans les autres; c'est par nuances insensibles qu'on passe du violet au bleu, du bleu au vert, etc. On ne trouve donc pas seulement les couleurs dont nous parlons, mais les diverses nuances d'une même couleur ainsi que les mélanges de ces couleurs et de leurs nuances. Enfin, on remarque en travers du spectre, des raies ou bandes obscures, en nombre considérable, distribuées arbitrairement sur toute son étendue, mais localisées dans chaque couleur, de manière qu'on puisse les classer. Ces raies ont donné lieu à l'*analyse spectrale,* qui permet de connaître, à l'inspection de chaque groupe de raies, la nature des éléments du corps lumineux, soit naturel, soit artificiel. Ce procédé d'analyse, le plus subtil de tous, a pu être appliqué aux corps célestes.

1. LA, rayon lumineux AB, prisme; RV, spectre, le rouge en R, le violet en V.

Le spectre résultant du passage d'un rayon de lumière à travers un prisme, on dit que le prisme a *décomposé* la lumière blanche, et que celle-ci est un mélange de toutes les couleurs. Le prisme opère, pour ainsi parler, la dissection de la lumière,

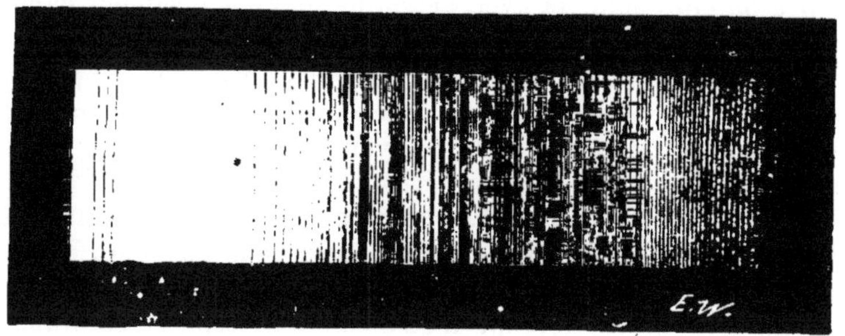

Fig. 72. — Spectre avec les raies.

il en sépare les divers éléments parce que chacun d'eux éprouve une déviation différente, il les disperse et les fait paraître chacun avec ses qualités propres. Ce qu'on nomme rayon lumineux est un groupe de rayons, les uns lumineux, d'autres calorifiques, d'autres enfin qui peuvent provoquer certaines actions chimiques ou physiques. Or, on retrouve la lumière plus particulièrement localisée dans le jaune, et la chaleur dans le rouge; les actions chimiques sont excitées par le violet, et la phosphorescence de certaines substances apparaît dans la partie du

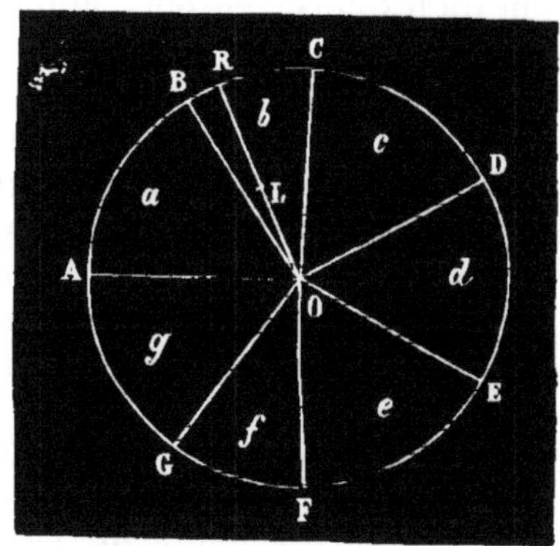

Fig. 73. — Disque pour la recomposition de la lumière.

spectre au delà du violet, hors du spectre visible, dans ce qu'on nomme le spectre *obscur*.

On peut recomposer la lumière blanche avec les lumières colorées par des moyens divers : en rassemblant les rayons colorés du spectre à l'aide d'une lentille convexe ou d'un miroir concave, on retrouve au foyer où ils se rassemblent un point blanc, ou bien, en dispo-ant sur un cercle les couleurs spectrales, dans l'ordre où elles sont, et avec l'étendue qu'elles occupent dans le spectre, en faisant tourner rapidement le cercle devant les yeux il paraît blanc, parce que nous recevons en même temps l'impression des diverses couleurs; qu'elles viennent, pour ainsi dire, se superposer, se mêler dans nos yeux à cause de la rapidité du mouvement.

Couleur des corps. — Les corps n'ont de couleur qu'autant qu'ils sont éclairés, tandis qu'ils conservent en toute circonstance leur dureté, leur élasticité, leur densité, etc. C'est donc à la lumière qu'ils doivent d'être colorés; celle-ci se diffuse à leur surface s'ils sont opaques, ou les traverse s'ils sont transparents, et de là résulte la coloration. Le corps influe donc par l'état de sa surface et par sa constitution moléculaire ; il est en quelque sorte passif. D'un autre côté, la nature de la source lumineuse agit aussi; la coloration varie donc avec ces divers éléments.

Si tous les rayons colorés dont se compose la lumière blanche étaient également diffusés par les corps, ceux-ci seraient blancs comme la lumière. Mais si certains rayons sont plus particulièrement diffusés que d'autres, et c'est le cas général, le corps se teindra de la couleur de ces rayons. Un corps est donc rouge ou bleu selon qu'il diffuse en plus grande abondance les rayons rouges ou les rayons bleus.

Quant à la couleur des corps transparents, elle provient de l'inégale transmission à travers ces corps des divers rayons colorés, ou, si l'on préfère, de l'inégale absorption. Aussi certains corps transparents présentent-ils des couleurs variables selon leur épaisseur plus ou moins grande. Le verre vert, le verre jaune sont ainsi colorés parce qu'ils ne laissent passer que les rayons verts ou les rayons jaunes. Les liquides colorés sont en général dans le même cas.

Les gaz et les vapeurs se colorent par diffusion comme les corps opaques, et par transmission comme les corps transparents. De là, la variété des couleurs de l'atmosphère et des nuages, les teintes diverses du lever et du coucher du soleil, et les effets dus à la présence de la vapeur d'eau dans l'air.

Résumé. — Concluons que :

1°. — La lumière blanche, tout en se réfractant, se décompose en une bande colorée ou spectre qui renferme toutes les couleurs, leurs mélanges et leurs nuances;

2°. — Aux diverses couleurs correspondent des propriétés diverses, soit lumineuses, soit caloriques, soit chimiques. Enfin des raies sont répandues sur toute l'étendue du spectre et permettent de connaître les éléments qui composent le corps lumineux.

3°. — La couleur des corps est le résultat des modifications qu'éprouve la lumière par la diffusion et la transmission inégales pour les divers rayons colorés qui la composent.

—

II. — L'ARC-EN-CIEL.

SOMMAIRE. — Le Crépuscule. — Position apparente des astres. — Scintillation des étoiles. — Le Mirage. — L'Arc-en-ciel. — Les Couronnes. — Le Halo. — Résumé.

Le Crépuscule. — Nous avons déjà vu que l'atmosphère qui enveloppe la terre exerce des influences diverses sur la lumière qui nous vient des astres.

La lumière solaire produit le *crépuscule,* c'est-à-dire l'avénement progressif de la lumière, le matin avant le lever du soleil, et sa disparition également progressive après le coucher de cet astre. Le crépuscule du matin porte plus particulièrement le nom d'*aurore ;* celui du soir, le nom de *brune*. Le crépuscule forme la transition entre la lumière éclatante du jour et l'obscurité de la nuit ou inversement. Ce phénomène résulte de la réflexion et de la réfraction des rayons du soleil lorsque cet astre est au-dessous mais peu éloigné de l'horizon. On peut s'en rendre compte en suivant la marche descendante du soleil à son coucher: Au moment où l'astre est à l'horizon, ses rayons rasent le sol. Il descend au-dessous de l'horizon, et, tandis que le sol est maintenant dans l'ombre, les sommets des collines sont encore éclairés; bientôt les collines elles-mêmes cessent d'être éclairées, mais des nuages planant au-dessus des sommets reçoivent encore la lumière de l'astre. Ainsi les rayons du soleil traversent des régions de plus en plus élevées de l'atmosphère, abandonnant les régions inférieures qui ne sont plus éclairées que par réflexion ou par réfraction, jusqu'au moment où, la terre ayant suffisamment tourné, ils n'atteignent plus que les couches qui forment la limite de l'atmosphère sensible. Alors la nuit commence. Le phénomène se produit en sens inverse le lendemain matin avant le lever du soleil.

Non-seulement, par l'effet du crépuscule, la lumière est ménagée de manière à ne pas nous blesser les yeux, mais même, lorsque le soleil apparaît ou lorsqu'il va disparaître, son éclat est affaibli par la couche atmosphérique que ses rayons traversent et qui est plus étendue à ce moment qu'à aucun autre. En même temps ses rayons, très-obliques à ce moment, sont moins intenses. On le voit, la transition de la nuit au jour ne s'arrête pas au lever du soleil; elle se continue au delà. La terre passe ainsi par la gamme de tous les tons lumineux.

La lumière solaire n'est pas seulement affaiblie, elle est modifiée pendant qu'elle traverse l'atmosphère. L'air réfléchit en effet certains rayons colorés, il en absorbe d'autres, enfin un certain nombre de ces rayons sont transmis. Les rayons bleus étant plus particulièrement réfléchis, l'air est bleu par réflexion; les rayons rouges sont au contraire transmis, et il en résulte les teintes rouges du crépuscule.

Ajoutons que la présence dans l'atmosphère de certaines substances, la vapeur d'eau par exemple, soit visible, soit invisible, exerce une influence sur la coloration de l'air, selon qu'on reçoit la lumière transmise ou la lumière réfléchie. C'est par cette variété d'effets et par la quantité plus ou moins grande de vapeurs dont il est chargé qu'on s'explique les teintes diverses de l'air aux différents moments de la journée.

Position apparente des astres. — Les couches d'air dont se compose l'atmosphère sont de densité décroissante à mesure

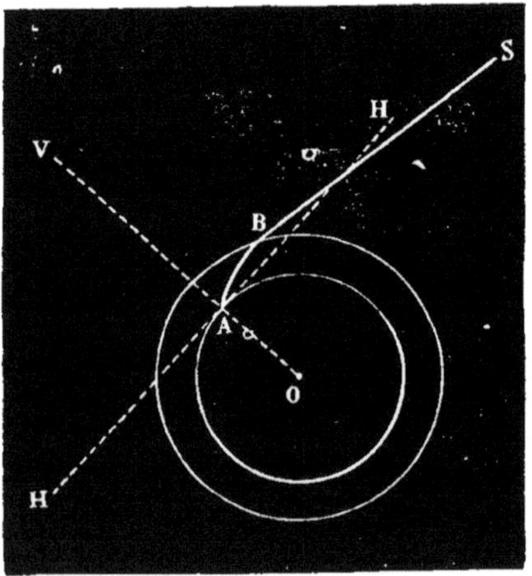

Fig. 74. Rayon solaire traversant l'atmosphère en ligne courbe [1].

1. OAV, verticale; HAH, horizontale; SBA, rayon solaire.

qu'on s'éloigne du sol, dévient les rayons du soleil d'une manière continue, les brisant à des intervalles très-rapprochés, de sorte que, à partir du moment où ils pénètrent dans l'atmosphère jusqu'au moment où ils touchent le sol, ils décrivent une ligne légèrement courbe. L'observateur qui reçoit ces rayons ne saurait voir l'astre qui les envoie dans sa position réelle; il le voit plus haut dans le ciel. Il en résulte que nous voyons le soleil un peu avant son lever et un peu après son coucher, ce qui augmente d'une faible quantité la durée du jour.

Tous les corps célestes subissent cette influence; tous nous paraissent en des points de l'espace différents de ceux qu'ils occupent en réalité. Mais la déviation qu'ils éprouvent est variable avec leur position, et d'autant plus faible qu'ils se trouvent plus près du zénith, c'est-à-dire du point du ciel qui est au-dessus de la tête de l'observateur.

Scintillation des étoiles. — Les corps célestes ne nous apparaissent pas comme des points lumineux d'un éclat et d'une couleur uniformes. Au contraire, l'intensité de leur lumière varie sans cesse en même temps que leur couleur. De plus, ils semblent se déplacer légèrement et osciller autour de leur position. Ces effets, qui constituent la *scintillation,* s'observent chez tous les corps célestes, mais naturellement ils sont plus marqués pour les étoiles proprement dites, d'abord parce qu'elles brillent d'une lumière propre, tandis que les planètes n'ont qu'une lumière d'emprunt, et ensuite parce que, se trouvant à une énorme distance, elles apparaissent comme des points brillants sans dimensions, ce qui rend les changements plus apparents.

Certains faits familiers mettent à notre portée le phénomène de la scintillation. On sait que, pendant les chaudes journées d'été, l'ascension des couches d'air chaud à la surface des champs forme des sortes d'ondulations analogues aux mouvements d'une longue flamme. Ces mouvements sont encore plus apparents dans l'air qui environne le tuyau d'un poêle chaud lorsqu'il est éclairé par le soleil. Regarde-t-on un corps lumineux à travers une couche d'air ainsi agitée, il paraît déformé, déplacé, en un mot, scintillant.

La scintillation est due, en effet, à l'interposition entre les corps lumineux et l'observateur des couches d'air de températures différentes dont se compose l'atmosphère. Il en résulte des réfractions inégales non-seulement pour la lumière blanche, mais pour les diverses lumières colorées qui en sont les éléments. De là les variations d'éclat et de couleur. Aussi la scintillation varie-t-elle avec les causes qui modifient la transparence de l'atmosphère, l'épaisseur sous laquelle elle est traversée par les rayons lumineux, et la température de ses diverses couches.

Le Mirage. — Sous le nom de *mirage* on comprend un ensemble de phénomènes dus à la réfraction atmosphérique. Les uns sont le résultat d'une simple réfraction qui déplace les objets terrestres comme les corps célestes; les autres sont dus à la réflexion totale qui s'opère sur les couches d'air, réflexion semblable à celle qui se produit à la surface des corps polis, d'une nappe d'eau par exemple. C'est là surtout ce qu'on désigne sous le nom de mirage.

Comme exemple du premier cas, nous citerons le phénomène observé pour la première fois par le docteur Vince. Il existe, entre Ramsgate et Douvres, une colline qui cache à un observateur de Ramsgate la base du château de Douvres, mais lui per-

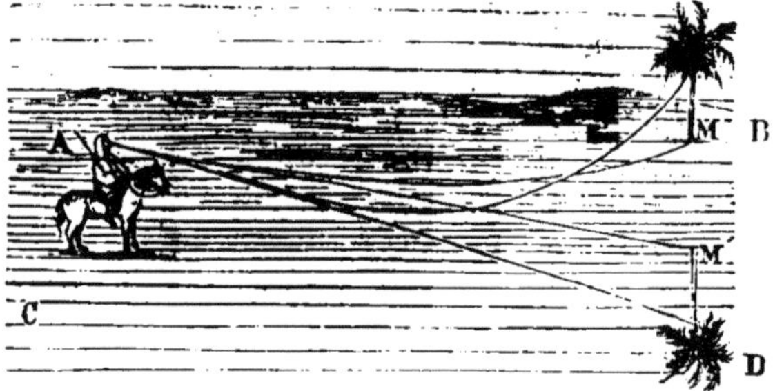

Fig. 75. — Le Mirage.

met de voir le sommet des tours. Or, à une certaine heure, on peut voir le château tout entier comme si la colline n'existait pas, ou plutôt comme si le château avait été subitement élevé dans les airs.

Le mirage proprement dit s'observe surtout dans les plaines vivement échauffées, par conséquent dans les déserts[1]. Le matin on n'aperçoit que le paysage environnant; mais dès que le sol est suffisamment échauffé, les maisons, les arbres, les nuages, le ciel sont réfléchis comme s'il existait un lac dans la plaine. La surface de l'eau apparente semble ridée par un vent léger, ce qui ajoute encore à l'illusion.

A mesure que l'observateur s'avance vers ce lac apparent, le rivage semble s'éloigner, et l'étendue du lac diminue. Bientôt le

1. C'est pendant la campagne d'Égypte que Monge, après l'avoir observé, en donna le premier l'explication.

lac disparaît et l'observateur se trouve en présence du paysage dont il voyait l'image reflechie. En même temps un nouveau lac apparaît plus loin, dans les eaux duquel se mire un nouveau paysage, et les mêmes illusions se reproduisent.

Voici maintenant l'explication du phénomène. Les couches d'air viennent à tour de rôle s'échauffer au contact du sol, puis elles s'élèvent. Elles sont donc de moins en moins chaudes et par conséquent de moins en moins légères, à mesure qu'elles sont plus élevées. Les rayons lumineux dévient en passant d'une couche à l'autre, se propagent en ligne courbe. Il arrive qu'après une série de déviations, la réflexion totale succède à la réfraction. Le mirage est produit par cette réflexion sur une nappe d'air; or, cette réflexion ne diffère pas de celle qui se produirait sur une nappe d'eau.

Les choses se passent autrement dans les contrées tempérées, en Europe par exemple. Les couches d'air sont disposées dans un autre ordre : les plus légères sont dans les hauteurs, les plus lourdes, voisines du sol. La couche d'air sur laquelle s'opère la réflexion se trouve dans les parties supérieures; les objets terrestres sont réfléchis comme si le ciel était un miroir, et on voit à une grande hauteur un paysage des environs qui est souvent assez éloigné.

La *fée Morgane* (*fata Morgana*), phénomène qu'on observe en Italie et en Sicile, particulièrement dans le détroit de Messine, est un exemple de cette sorte de mirage. A certaines époques on voit tout à coup dans les airs, à de grandes distances, des ruines, des colonnes, des châteaux, des palais et un grand nombre d'objets terrestres qui se déplacent et changent continuellement d'aspect comme les images formées au sein d'une nappe d'eau brusquement agitée.

Citons encore l'effet de mirage raconté par le célèbre navigateur Scoresby. On apercevait, dit-il, l'image renversée et parfaitement nette d'un navire qui se trouvait au-dessous de notre horizon. Nous avions observé des apparences semblables, mais ce qu'il y avait de particulier dans celle-ci, c'était la netteté de l'image et le grand éloignement du navire qu'elle représentait. Les contours étaient si bien marqués, qu'en regardant cette image à travers une lunette, je distinguais les détails de la voilure et de la carcasse du navire; je reconnus le navire de mon père, et quand nous comparâmes nos livres de loch, nous vîmes que nous étions alors à 14 lieues l'un de l'autre, savoir : 8 lieues au delà de l'horizon, et 6 lieues au delà des limites de la vue distincte.

Enfin, la couche d'air réfléchissante peut être verticale et se trouver à droite ou à gauche de l'observateur; c'est ce qui arrive au bord de la mer ou dans le voisinage d'un mur vivement échauffé. Dans le premier cas, le mirage résulte de l'inégale température des deux masses d'air dont l'une couvre la terre, et l'autre la mer. Dans le second cas, le mur joue le même rôle que le sol dans les pays chauds.

L'Arc-en-ciel. — Le groupe de couleurs qui résulte de la décomposition de la lumière et qu'on nomme spectre solaire se montre quelquefois dans l'atmosphère sous la forme d'un arc immense qui s'appuie par ses extrémités à l'horizon. De là le nom d'*arc-en-ciel* donné à ce phénomène. Le soleil et la pluie sont tous deux nécessaires pour que le météore apparaisse, et l'observateur doit avoir la pluie en face et tourner le dos au soleil. Le milieu de l'arc, l'œil de l'observateur et le soleil sont alors en ligne droite.

On observe souvent l'arc-en-ciel dans les jets d'eau de nos parcs dont les gerbes tombantes nous offrent une véritable pluie de fines gouttelettes. Il suffit de se placer en face du jet d'eau, tournant le dos au soleil lorsque cet astre est peu élevé au-dessus de l'horizon. On voit alors se peindre dans la gerbe une portion d'arc-en-ciel qui en occupe toute la largeur.

L'arc-en-ciel n'est qu'un spectre solaire en forme d'arc, et de ce que la pluie est nécessaire pour qu'il se produise, il en faut conclure que les gouttes d'eau jouent le rôle de prisme et décomposent la lumière solaire. Toutefois, le phénomène est loin d'être aussi simple que la décomposition de la lumière

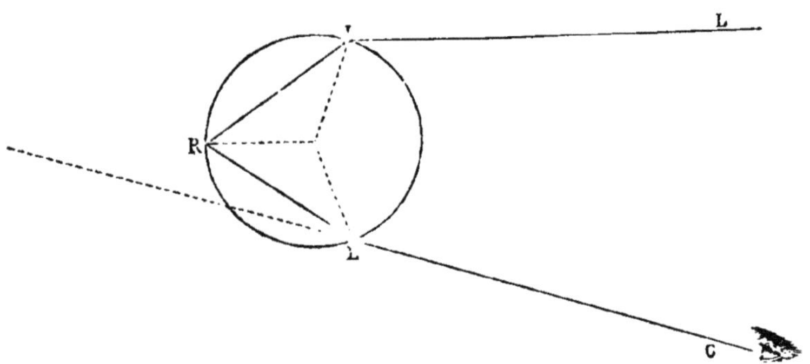

Fig. 76. — Marche d'un rayon lumineux.

opérée par le prisme : il faut en effet expliquer pourquoi le spectre affecte la forme d'un arc, tandis qu'il devrait occuper toute l'étendue du ciel en face de l'observateur. Les rayons lumineux frappent à la surface des gouttes de pluie, pénètrent dans les gouttes en s'y réfractant, atteignent un autre point de la surface où ils sont réfléchis à l'intérieur et sans sortir, viennent frapper un troisième point de la surface et sortent alors de la goutte en se réfractant de nouveau comme à l'entrée. Ils ont donc éprouvé deux réfractions, la première à l'entrée, la seconde à la sortie de la goutte, et, dans l'intervalle, une réflexion à l'intérieur. En réalité, ils éprouvent des réfractions et des réflexions plus nombreuses, mais nous ne voulons parler que de celles de ces actions qui concourent à la production de l'arc-en-ciel.

Observons maintenant que des rayons isolés ou des groupes trop peu nombreux de ces mêmes rayons ne suffisent pas pour produire une impression dans l'œil. Or, parmi les rayons qui

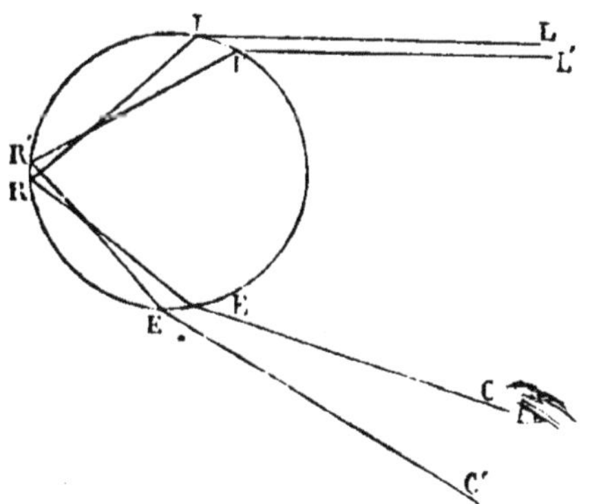

Fig. 77. — Marche des rayons inefficaces dans une goutte d'eau [1].

pénètrent dans les gouttes il en est qui, éprouvant des déviations très-différentes, s'entre-croisent dans l'intérieur, et se dispersent à la sortie, de telle façon que quelques-uns seulement de ces rayons peuvent entrer dans l'œil qui ne les perçoit pas. D'autres rayons, au contraire, après avoir subi des déviations à peu près égales, restent rassemblés en un faisceau que l'œil reçoit en entier et auquel il est sensible. De là la distinction de rayons *inefficaces* et de rayons *efficaces*.

De chaque gouttelette part donc un groupe de rayons efficaces ayant une direction déterminée, mais il n'y a de perçus que

1. LI, L'I', rayons incidents ; IR, I'R, rayons réfractés; RE, R'E', les mêmes réfléchis à l'intérieur; EC, E'C', les mêmes émergeants.

ceux qui arrivent dans l'œil de l'observateur. Les directions de tous ces groupes forment un même angle avec la ligne droite qui joint l'œil au soleil, et, dès lors, dans tous les points de la partie du ciel qui lui fait face, et qui sont compris sous cet

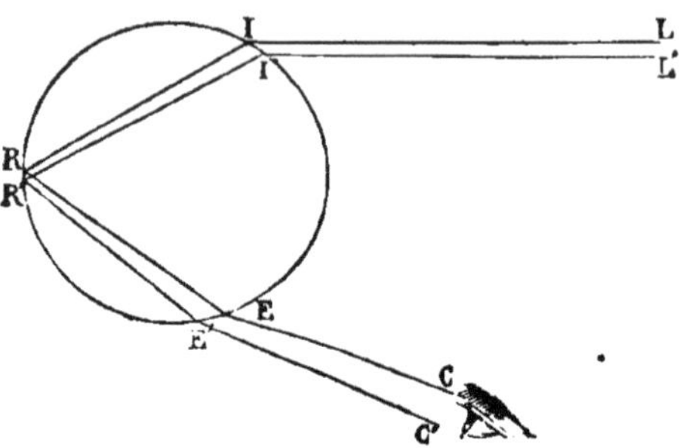

Fig. 78. — Marche des rayons efficaces [1].

angle, il verra la couleur des rayons. L'ensemble de tous ces rayons forme donc un cône dont le sommet est dans l'œil, et ce cône découpe pour ainsi dire une portion du ciel en arc de cercle coloré. Il y a tout naturellement des rayons efficaces et un arc pour chaque couleur; ils se suivent dans l'ordre où ils sont dans le spectre, et tous ensemble ils forment l'arc-en-ciel.

On comprend que l'arc doive être d'autant plus étendu que

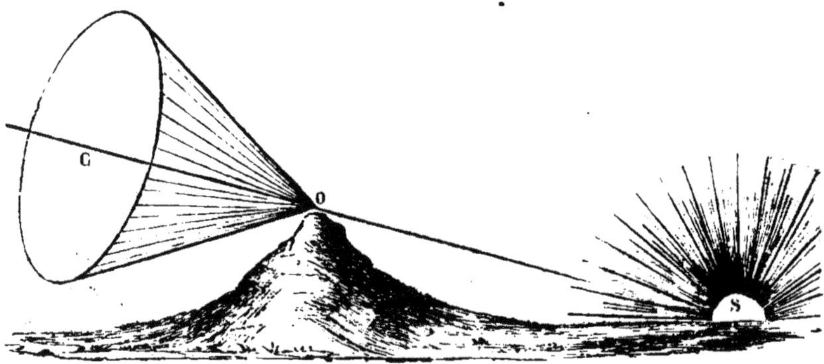

Fig. 79. — Conditions pour que l'arc-en-ciel soit complet [2].

l'observateur est placé plus haut, sur une montagne par exemple, le soleil étant près de son coucher. Dans cette circon-

1. LI, L'I', deux rayons incidents; IR, I'R', les mêmes réfractés; RE, R'E', les mêmes réfléchis à l'intérieur; EC, E'C', les mêmes émergents.

2. S, soleil; O, observateur; C, centre de l'arc.

stance on pourra même voir une circonférence complète. La ligne qui joint le soleil à l'œil, c'est-à-dire l'axe du cône est alors incliné et le centre de l'arc se trouve plus haut dans le ciel.

Les rayons dont nous avons suivi la marche et qui concourent à la formation de l'arc-en-ciel pénètrent par la partie supérieure des gouttes. Il en est d'autres qui entrent dans les gouttes par la partie inférieure, et, après avoir subi deux réflexions intérieures, sortent dans une direction différente des premiers. Ils donnent lieu à un second arc-en-ciel concentrique au premier et

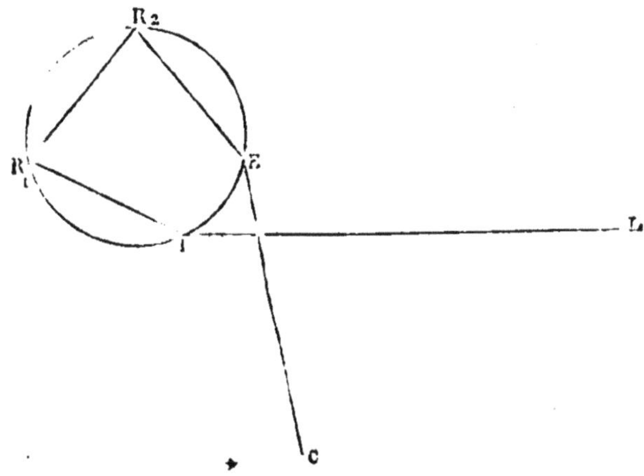

Fig. 80. — Marche d'un des rayons qui concourent à la formation du second arc-en-ciel.

l'enveloppant, mais ayant les couleurs disposées dans l'ordre inverse et plus pâles à cause des deux réflexions qu'ont subies les rayons. On peut, dans certains cas, voir un troisième arc encore plus pâle et plus grand que le second et enveloppant les deux premiers.

Toute lumière d'une intensité suffisante, celle de la lune par exemple, peut produire des arcs-en-ciel. On réalise artificiellement le phénomène à l'aide de la lumière électrique et d'un jet d'eau.

Les Couronnes. — La vapeur d'eau répandue dans l'atmosphère modifie l'éclat des astres, les colore et produit certains phénomènes. Le soleil vu à travers un brouillard épais nous apparaît comme un disque rouge, à contours nets et d'une teinte mate. Dans les mêmes circonstances la lune nous offre une lumière estompée et en quelque sorte noyée dans le brouillard.

Mais si le brouillard est peu épais, ou plutôt si un léger nuage passe devant ces astres, on peut voir autour d'eux des anneaux faiblement colorés qu'on nomme des *couronnes*. On les voit surtout autour de la lune à cause de la faible lumière de cet astre; on les distingue au contraire très-difficilement autour du soleil.

C'est le même phénomène qu'on aperçoit en regardant les astres ou une lumière artificielle à travers une lame de verre recouverte de poussière ou d'une légère buée. Les vitres d'une croisée, d'une voiture, ou encore une fine mousseline font le même effet. Les cercles sont relativement tout petits et n'offrent pas, en général, toute la série des couleurs du spectre, mais seulement quelques-unes d'entre elles.

La formation des couronnes s'explique de la manière suivante : la lumière passe au travers des myriades de petites ouvertures que laissent entre elles les vésicules du brouillard ou la poussière qui recouvre les vitres, comme les grains dans les trous d'un tamis; mais en même temps que les ondulations se propagent ainsi librement tant qu'elles ne trouvent pas d'obstacles. une partie d'entre elles, heurtant les bords de ces mêmes ouvertures, cheminent dans d'autres directions et avec des intensités variables. Il en résulte un entre-croisement d'ondes lumineuses qui déterminent tantôt des accroissements et tantôt des diminutions dans l'intensité de la lumière. Si les effets lumineux se contrarient complétement, ce ne sera pas seulement une diminution, mais bien l'obscurité qui se produira. Une comparaison pourra mieux faire comprendre ce qui se passe : qu'on imagine un son arrivant à nos oreilles à travers un grand nombre d'ouvertures et en même temps se réfléchissant sur les parois de ces mêmes ouvertures de manière à donner naissance à des échos. Tantôt l'effet des échos augmentera, tantôt au contraire il diminuera l'intensité du son jusqu'à produire le silence par l'opposition de deux sons égaux.

Si la lumière était simple, c'est-à-dire d'une couleur particulière, bleue par exemple, on verrait des cercles d'un bleu plus marqué et d'autres cercles noirs, les premiers résultant de l'addition, les seconds de la soustraction des ondes bleues. Si la lumière est blanche, les cercles obscurs d'une couleur seront remplacés par des cercles d'une couleur différente.

Le Halo. — On nomme *halo* un ensemble de cercles ou d'arcs colorés qui entourent le soleil : ils se distinguent des couronnes par les dimensions d'abord, qui sont beaucoup plus grandes, et par la disposition des couleurs, qui est inverse.

Dans le halo, le rouge est en dedans; dans les couronnes, il est en dehors. Enfin, l'arc-en-ciel a des dimensions encore plus grandes que celles du halo et ne peut être confondu ni avec le halo ni avec les couronnes qui se forment autour du soleil.

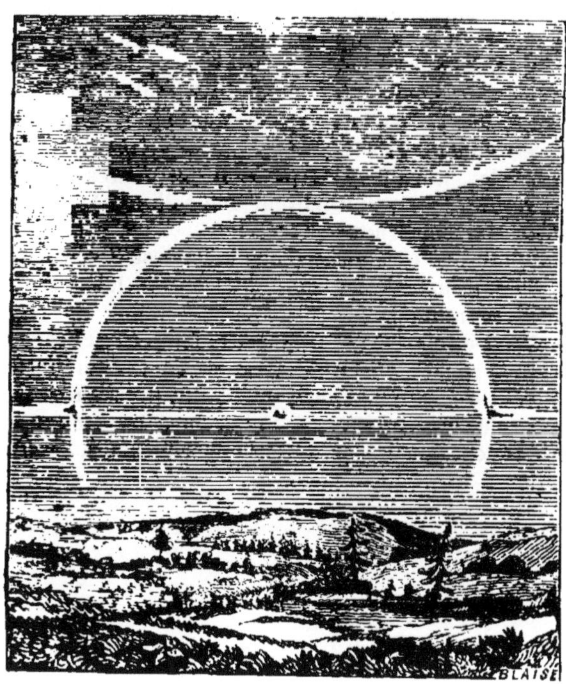

Fig. 81. -- Le halo.

On ne saurait être surpris de la ressemblance de ces divers phénomènes, car ils sont tous formés des mêmes couleurs spectrales; mais, tandis que les couronnes se montrent à travers de légers cumulus, tandis que l'arc-en-ciel ne se produit que par le concours de la pluie et du soleil, les halos n'apparaissent qu'avec les cirrus. On sait que des cristaux de glace très-petits, en nombre immense, suspendus dans l'atmosphère dans les directions les plus variées, constituent le cirrus. La lumière se joue dans ces prismes, y est déviée et dispersée. La disposition en arc de cercle tient à une cause comparable à celle qui produit l'arc-en-ciel, c'est-à-dire à des rayons qui émergent dans des directions parallèles et forment des faisceaux efficaces.

Les halos sont assez souvent accompagnés de cercles blancs qui entourent le soleil ou qui passent par cet astre comme le cercle parhélique et d'images du soleil dues également à l'action des prismes.

Résumé. — Ce qui précède peut se résumer ainsi :

1°. — Le crépuscule est la transition du jour à la nuit ou inversement; il est dû aux réfractions et aux réflexions de la lumière solaire dans l'atmosphère;

2°. — Les astres paraissent plus élevés qu'ils ne sont en réalité par suite des réfractions subies dans l'air par la lumière qu'ils nous envoient;

3°. — L'éclat, la couleur, la position des astres semblent varier, de là résulte leur scintillation, due à l'inégale température des couches atmosphériques;

4°. — Le mirage est l'image d'objets terrestres réfléchis à la surface d'une couche d'air; cette réflexion est la conséquence d'une suite de réfractions;

5°. — L'arc-en-ciel, les couronnes, le halo, sont des spectres plus ou moins parfaits en forme d'arc ou de circonférence de grandeurs variées. La pluie et le soleil sont nécessaires pour la production de l'arc-en-ciel; de légers cumulus servent à la formation des couronnes; les cirrus concourent à l'apparition des halos.

FIN.

TABLE DES MATIÈRES

L'AIR ET LES MÉTÉORES AÉRIENS.

I. — L'ATMOSPHÈRE.

II. — LE VENT.

APPENDICE.

L'EAU ET LES MÉTÉORES AQUEUX.

VI. — LA PLUIE.

VII. — LES EAUX.

VIII. — LA GLACE.

LA CHALEUR ET LES MÉTÉORES CALORIQUES.

I. — NOTIONS PRÉLIMINAIRES.

II. — DISTRIBUTION DE LA CHALEUR SUR LA TERRE.

L'ÉLECTRICITÉ ET LES MÉTÉORES ÉLECTRIQUES.

I. — NOTIONS PRÉLIMINAIRES.

II. — LA PILE ET SES EFFETS.

III. — L'AIMANT.

IV. — L'ORAGE.

V. — L'AURORE POLAIRE.

LA LUMIÈRE ET LES MÉTÉORES LUMINEUX.

I. — NOTIONS PRÉLIMINAIRES.

II. — L'ARC-EN-CIEL.

PARIS. — IMPRIMERIE DE J. CLAYE, RUE SAINT-BENOIT, 7.

A LA MÊME LIBRAIRIE

LA SCIENCE ÉLÉMENTAIRE, collection de petits traités pour servir de lectures courantes dans toutes les écoles, par M. HENRI FABRE, docteur ès sciences, professeur de chimie au Lycée impérial et aux écoles municipales d'Avignon, comprenant :

Chimie agricole. Nouvelle édition 1 vol. in-18, cart. 1 20

Ouvrage autorisé par Son Exc. le ministre de l'instruction publique.

Physique, avec fig. intercal. dans le texte. 1 vol. in-18 jésus, cart. 2 »

La Terre. Leçons élémentaires sur la physique du globe, avec fig. intercal. dans le texte, 1 vol. in-18 jésus, cart. . . . . 2 »

Le Ciel. Leçons élémentaires sur la *Cosmographie*, avec fig. intercal. dans le texte. 1 vol. in-18 jésus. . . . . 2 »

CHACUN DE CES TRAITÉS SE VEND SÉPARÉMENT.

FRANCE (la), *livre de lecture pour toutes les écoles:* — aspect, — géographie, histoire, — administration, — agriculture, — industrie, — commerce, grands hommes, — hommes utiles, — notions diverses, par MM. E. MANUEL, professeur au lycée Bonaparte, et E. L. ALVARÈS, professeur. **Première partie :** Départements compris dans les anciennes provinces de *Normandie*, de *Picardie*, d'*Artois*, de *Flandre*, de *Lorraine*. Nouvelle édition. 1 vol. in-12, cart. 1 20

Deuxième partie : Départements compris dans les anciennes provinces d'*Alsace*, de *Franche-Comté*, de *Champagne*, d'*Ile-de-France*, d'*Orléanais*, de *Maine et Perche*. Nouv. édit. 1 vol. in-12, cart. . . . 1 20

Troisième partie : Départements compris dans les anciennes provinces de *Bretagne*, d'*Anjou*, de *Touraine*, de *Poitou*, de *Berry*, de *Bourbonnais*, de *Bourgogne*. Nouv. édit. 1 vol. in-12, cart. 1 20

Quatrième partie : Départements compris dans les anciennes provinces du *Lyonnais*, de l'*Auvergne*, de la *Marche*, du *Limousin*, de l'*Angoumois*, de la *Guyenne* et de la *Gascogne*, du *Languedoc*, du *Béarn*, du *Roussillon*, du *Dauphiné*, de la *Provence* et du *Comté de Foix*, de la *Corse*, et dans le *comtat d'Avignon*. Nouv. édit. 1 vol. in-12, cart. 1 20

CHAQUE PARTIE SE VEND SÉPARÉMENT.

CHOIX DE LECTURES POUR L'ANNÉE, accompagnées d'exercices, de questions spéciales et de notes, par M. C. HANRIOT, inspecteur d'académie. Nouvelle édition. 1 vol. in-12, cart. 1 50

SE VEND AUSSI SÉPARÉMENT :

1er Semestre. Nouvelle édition. 1 vol. in-12, cart. . . . . » 80

2e Semestre. Nouvelle édition. 1 vol. in 12, cart. . . . . » 80

PETIT-JEAN, livre de lecture courante, par M. C. JEANNEL, professeur de philosophie près la Faculté des lettres de Montpellier. Nouvelle édition. 1 fort vol. in-12, cart. 1 50

PREMIERS ÉLÉMENTS D'INDUSTRIE MANUFACTURIÈRE, ou simples notions sur les procédés en usage pour préparer les objets nécessaires à la nourriture, au logement, à l'habillement, etc., de l'homme. Ouvrage rédigé d'après les traités les plus modernes, et destiné à servir de livre de lecture courante dans les écoles primaires, par M. PAUL LEGUIDRE, ancien professeur. Nouvelle édition refondue et enrichie de gravures sur bois intercalées dans le texte. 1 vol. in-18, cart. . . . . . . » 90

Paris. — Typ. Rouge frères, Dunon et Fresné, rue du Four-St-Germain, 43.

www.ingramcontent.com/pod-product-compliance
Ingram Content Group UK Ltd.
Pitfield, Milton Keynes, MK11 3LW, UK
UKHW022105260726
13993UKWH00001B/333